算術原來這麼簡單

7個計算妙招輕鬆學

加法、減法、乘法、比例、分數、約分，
都能輕鬆速算！

阿奇咚咚 著
Akitonton

陳嫺若 譯

小学校で習う計算が5秒で解ける
算数 ひみつの7つ道具

這些計算

6543 + 2198 =

18 × 19 =

1+2+3+4+…+997+998+999+1000 =

872 − 356 =

72 × 18 =

25 的 76% 等於

$\dfrac{51}{68}$ =

5秒鐘
就能解答！

7個武器 的厲害之處

- 計算速度變快，考試得滿分！
- 解題像遊戲，頭腦變聰明！
- 有趣解不停，愈解愈熟練！

前言

我叫阿奇咚咚,平常教數學,也當 YouTuber。因為工作的關係,所以**討厭數學**的人經常來找我問問題。

「數學好難,所以我討厭數學!」
「在小學時最討厭的就是數學課!」
「分數?比例?不懂啦……」

這本書就是為有這種煩惱的你所寫的。

只要學會 7 種祕密武器,二位數的加法、乘法、分數的約分、比例的計算都能在 **5 秒鐘以內算出來**。相信你一定會驚喜地發現:「算術原來這麼簡單!」

第一種祕密武器是加法時用的「拆拆算(加法)」!相信大家對加法都很熟悉了,可能很多人會說「加法,簡單啦」。但是,如果**學會祕技,加快計算速度**……你覺得會怎麼樣呢?

$$24 + 98 = \square$$

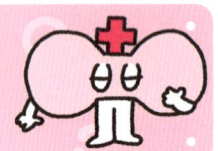

此外,**約分的這種計算**,你會怎麼算呢?

$$\frac{51}{68}$$

這種時候,可以用的是橫排法,它也是這本書介紹的祕密武器之一。**除此之外,還有 5 個祕密武器**哦。

我想，有些人會說「分數本來就很難啦……」不用擔心，**大家容易搞錯的地方，我們會從基礎的基礎開始教起**哦！

（我沒有騙人，翻開 86 頁就知道了！）

另外，阿奇咚咚的最拿手本事是「彩虹算」。它是在**連續數字相加時用的武器**。

$$1+2+3+4+5+6+7+8+9+10=\Box$$

這種問題，只要畫個圖就能解開！

$$1+2+3+4+5+6+7+8+9+10$$

就像這樣。

剛開始時，二位數的加法也許要花費 10 或 20 秒。但是，隨著這本書往後學，**速度應該會漸漸從 20 秒縮短成 10 秒、10 秒變成 5 秒**。因此，書裡放了大量的計算題哦。

……最後還有一件事。這本書的某個地方寫了祕密武器的名字「祕密」，找找看它在哪裡！

好了！一起來學會這 7 種祕密武器，成為計算高手吧！

阿奇咚咚

CONTENTS

這些計算 5 秒鐘就能解答！ 2
前言 4

PART 1 拆拆算：加法

1-1 ▶ 用心算算出二位數的加法 10
1-2 ▶ 不用筆算就能完成三位數加法 16
1-3 ▶ 挑戰四位數運算 20
1-4 ▶ 成為加法高手 26

PART 2 拆拆算：減法

2-1 ▶ 用心算算出二位數的減法 28
2-2 ▶ 用心算算出三位數的減法 34
2-3 ▶ 四位數的減法也可以用心算解答 40
2-4 ▶ 成為減法高手 42

PART 3 彩虹算

3-1 ▶ 5 秒鐘算出 1 到 10 的加法運算 44
3-2 ▶ 1 秒鐘算出 1 到 100 的加法運算 50
3-3 ▶ 挑戰從 1 到 1000 的連加運算 55

PART 4 喀嗤喀嗤算

4-1 ▸ 1秒鐘用心算算出 19×19 為止的相乘　　　60

PART 5 笑笑算

5-1 ▸ 1秒鐘用心算算出二位數乘法　　　68
5-2 ▸ 進位計算也能用笑笑算解答　　　72
5-3 ▸ 用笑笑算算出所有二位數的計算　　　78
5-4 ▸ 笑笑算大挑戰！　　　84

PART 6 橫排法

6-1 ▸ 分數是什麼？　　　86
6-2 ▸ 5秒鐘約分 $\frac{51}{68}$　　　90
6-3 ▸ 試算在5秒內約分 $\frac{5080}{5207}$　　　94

PART 7 消去・代換法

7-1 ▸ 首先，比例是什麼？　　　98
7-2 ▸ 消去法：心算可以算出比例 ①　　　100
7-3 ▸ 代換法：心算可以算出比例 ②　　　104

PART 8　計算高手之路

PART 9　解法和答案

「拆拆算（加法）」是什麼？	15
「拆拆算（減法）」要注意什麼？	33
什麼時候使用拆拆算呢？	42
如果彩虹線數不能以2除盡，該怎麼辦？	54
彩虹算隨時都可以用嗎？	55
彩虹算的原理是什麼？	57
喀噠喀噠算的原理是什麼？	66
笑笑算的原理是？	73
怎樣找到候選的因數？	95
「質數」和「因數」是什麼意思？	96
消去法的原理是什麼？	103
代換法的原理是什麼？	107
阿奇咚咚在哪裡？	108
祕密武器的「祕密」到底是什麼？	114

封面設計　喜來詩織（https://ento-tsu.com/）　　作者照片攝影　後藤利江
插圖　德永明子（http://toacco.com/）　　　　　　資料製作　MarlinCrane

備註　恕不回覆超過本書內容的提問（例如：解題的個別指導等），祈請包涵。

拆拆算：加法

四位數的加法運算，不用筆算也能算得出來！
介紹第一種祕密武器——拆拆算！

1-1 用心算算出二位數的加法

用 7 種武器中的第 1 種「拆拆算（加法）」小試身手，首先，試著解答例題吧！

例題 ①

$$24 + 98 = \square$$

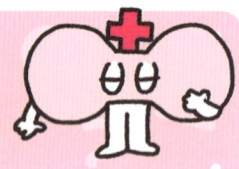

你是用什麼方法計算的呢？用筆算的話，馬上就能算出來吧。

但是，你會不會覺得算加法的時候，還用筆算太麻煩了吧。

這種時候，教你一個超方便的利器……**拆拆算（加法）**！

接下來，我就來介紹拆拆算的方法。

因此……你可能需要準備一下。我們再解一個例題吧！

例題 ②

以下哪個數是「整十數」？

$$29 \quad 30 \quad 33$$

答案是……30！

這本書中，所有**個位數（最右邊的數字）是 0 的數**，都是「**整十數**」哦。

選一個最接近整十數的數（如 30、70、100 等），然後想一想**還要加多少才會成為整十數**。

24 與 98，哪個比較接近整十數呢？

……對，是 98！

因為 **98 加 2 就會變成 100 了**！

我們分解另一個數。

這次從 24 拿出 2 送給 98！

$$24 = 22 + 2$$

像這樣拆開！

3

合起來，就完成了！

$$24 + 98$$
$$= 22 + 2 + 98$$
$$= 22 + 100$$
$$= 122$$

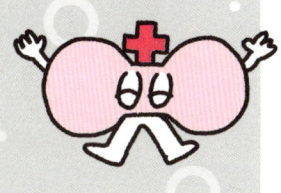

好了，請試解以下的題目！

暖身①

$45 + 27$
$= 42 + \boxed{} + 27$
$= 42 + \boxed{}$
$= \boxed{}$

答案

$45 + 27$
$= 42 + \boxed{3} + 27$
$= 42 + \boxed{30}$
$= \boxed{72}$

把 45 分解成 42 與 3

27 加 3 等於 30

暖身②

$29 + 36$
$= 29 + \boxed{} + 35$
$= \boxed{} + 35$
$= \boxed{}$

答案

$29 + 36$
$= 29 + \boxed{1} + 35$
$= \boxed{30} + 35$
$= \boxed{65}$

36 分解成 1 和 35

29 加 1 等於 30

暖身③

$84 + 76$
$= 80 + \boxed{} + 76$
$= 80 + \boxed{}$
$= \boxed{}$

答案

$84 + 76$
$= 80 + \boxed{4} + 76$
$= 80 + \boxed{80}$
$= \boxed{160}$

$84 = 80 + 4$

76 拿出 4，就可以湊成 80！

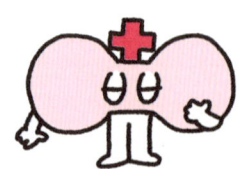

 問題

(1)　46 + 19 =

(2)　63 + 48 =

(3)　51 + 39 =

(4)　24 + 57 =

(5)　68 + 33 =

(6)　73 + 18 =

(7)　39 + 45 =

(8)　79 + 16 =

(9)　58 + 27 =

(10)　49 + 52 =

解法和答案

(1)　46 + 19
　= 45 + 1 + 19
　= 45 + 20
　= 65

(2)　63 + 48
　= 61 + 2 + 48
　= 61 + 50
　= 111

(3)　51 + 39
　= 50 + 1 + 39
　= 50 + 40
　= 90

(4)　24 + 57
　= 21 + 3 + 57
　= 21 + 60
　= 81

(5)　68 + 33
　= 68 + 2 + 31
　= 70 + 31
　= 101

(6)　73 + 18
　= 71 + 2 + 18
　= 71 + 20
　= 91

(7)　39 + 45
　= 39 + 1 + 44
　= 40 + 44
　= 84

(8)　79 + 16
　= 79 + 1 + 15
　= 80 + 15
　= 95

(9)　　58 + **27**
　= 58 + **2** + **25**
　= **60** + 25
　= **85**

(10)　　49 + **52**
　= 49 + **1** + **51**
　= **50** + 51
　= **101**

拆拆算（加法）是什麼？

　　我是想像著麵包超人分「紅豆麵包」給我的樣子，進行運算的喲，送出自己的一部分，讓別人開心……大概是這種印象！

　　學習時，**如果能連結到快樂的印象，學起來會更開心**，所以建議你也這麼做！

　　大家在做拆拆算時，都想到了什麼呢？

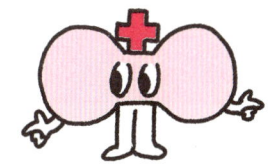

不用筆算就能完成三位數加法

好了。問題來嘍，以下的例題可以用拆拆算（加法）嗎？

例 題

$$224 + 159 = \square$$

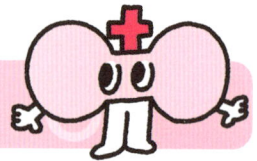

答案是……可以！**即使數字變大，也能用拆拆算（加法）**哦！
我們依照例題來說明！

選擇一個最接近整十數的數字，如 100、160、220 等，想想看「再加多少，可以變成整十數」。

這題是 224 與 159，所以，我們知道 **159 加 1 就是 160**！

再分一個數給它。想像從 224 拿 1 給 159！

$$224 = 223 + 1$$

像這樣分解！

合起來，就完成了！翻到下一頁，試著自己解題吧！

$$224 + 159$$
$$= 223 + 1 + 159$$
$$= 223 + 160$$
$$= 383$$

暖身

266 + 555
= 266 + 551 + ☐
= ☐ + 551
= 270 + 521 + ☐
= 300 + 521
= 821

答案

266 + 555
= 266 + 551 + [4]
= [270] + 551
= 270 + 521 + [30]
= 300 + 521
= 821

> 555 分解為 551 與 4

> 270 加 30 就會成為整十數了呢！

拆拆算：加法

問題

(1) 176 + 245 =

(2) 582 + 369 =

(3) 319 + 484 =

(4) 753 + 628 =

(5) 453 + 328 =

(6) 419 + 315 =

(7) 579 + 326 =

(8) 385 + 587 =

(9) 758 + 583 =

(10) 593 + 729 =

解法和答案

(1)   176 + 245
  = 176 + 4 + 241
  = 180 + 241
  = 180 + 20 + 221
  = 200 + 221
  = **421**

(2)   582 + 369
  = 581 + 1 + 369
  = 581 + 370
  = 551 + 30 + 370
  = 551 + 400
  = **951**

(3)   319 + 484
  = 319 + 1 + 483
  = 320 + 483
  = 300 + 20 + 483
  = 300 + 503
  = **803**

(4)   753 + 628
  = 751 + 2 + 628
  = 751 + 630
  = **1381**

(5)   453 + 328
  = 451 + 2 + 328
  = 451 + 330
  = **781**

(6)   419 + 315
  = 419 + 1 + 314
  = 420 + 314
  = **734**

(7)　579 + **326**
　= **579** + **1** + **325**
　= **580** + 325
　= 580 + 20 + 305
　= 600 + 305
　= **905**

(8)　**385** + 587
　= **382** + **3** + **587**
　= 382 + **590**
　= 372 + 10 + 590
　= 372 + 600
　= **972**

(9)　758 + **583**
　= **758** + **2** + **581**
　= **760** + 581
　= 740 + 20 + 581
　= 740 + 601
　= **1341**

(10)　**593** + 729
　= **592** + **1** + **729**
　= 592 + **730**
　= 592 + 10 + 720
　= 602 + 720
　= **1322**

拆拆算：加法

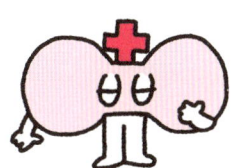

1-3 挑戰四位數運算

我們再來挑戰更大的數！

$$1234 + 9587 = \square$$

就依據這個例題來解說吧！

1

選一個最接近整十數的數字，如 1000、1250、8590 等，想想看還要加多少就能成為整十數呢。

這次的例題是 1234 與 9587，所以，可以想到 **9587 加 3 就會成 9590**。

2

再把另一邊的數字分解送給它。想像**從 1234 拿出 3，送給 9587 的感覺**！

$$1234 = 1231 + 3$$

像這樣分解！

接下來就只剩合併！？

$$1234 + 9587$$
$$= 1231 + 3 + 9587$$
$$= 1231 + 9590$$

也許還可以再分解……嗎？

$$1231 + 9590$$

剛才三位數的加法運算中，稍微提到過，**感覺「還是不好計算啊〜」時，只要再分解就行了！**

這裡的 **9590 再加 10，就能成為整十數 9600**。

所以，我們用 1231 = 1221 + 10 的方式，再進行分解吧！

$$1231 + 9590$$
$$= 1221 + 10 + 9590$$
$$= 1221 + 9600$$
$$= 221 + 1000 + 9600$$
$$= 221 + 10600$$
$$= 10821$$

接下來，我們再挑戰更多題目吧！

暖身題 ①

$2349 + 3211$
$= 2349 + \square + 3210$
$= \square + 3210$
$= 5560$

解答

$2349 + 3211$
$= 2349 + \boxed{1} + 3210$
$= \boxed{2350} + 3210$
$= 5560$

把3211的1，分給2349

2350與3210的加法運算，心算也很簡單了！

暖身題 ②

$2356 + 4189$
$= 2355 + \square + 4189$
$= 2355 + 4190$
$= 2345 + \square + 4190$
$= 2345 + 4200$
$= 6545$

解答

$2356 + 4189$
$= 2355 + \boxed{1} + 4189$
$= 2355 + 4190$
$= 2345 + \boxed{10} + 4190$
$= 2345 + 4200$
$= 6545$

4189再加1就是整十數嘍！

4190加10好像也會變成整十數！

完成啦！

問題

(1)　2345 + 1987 =　(2)　4567 + 2189 =

(3)　6789 + 9312 =　(4)　8431 + 5679 =

(5)　3258 + 6987 =　(6)　1234 + 5678 =

(7)　6543 + 2198 =　(8)　3721 + 4599 =

(9)　4329 + 1987 =　(10)　7654 + 3789 =

解法和答案

(1)   2345 + 1987
     = 2342 + 3 + 1987
     = 2342 + 1990
     = 2332 + 10 + 1990
     = 2332 + 2000
     = **4332**

(2)   4567 + 2189
     = 4566 + 1 + 2189
     = 4566 + 2190
     = 4556 + 10 + 2190
     = 4556 + 2200
     = **6756**

(3)   6789 + 9312
     = 6789 + 1 + 9311
     = 6790 + 9311
     = 6790 + 10 + 9301
     = 6800 + 9301
     = 6800 + 200 + 9101
     = 7000 + 9101
     = **16101**

(4)   8431 + 5679
     = 8430 + 1 + 5679
     = 8430 + 5680
     = 8410 + 20 + 5680
     = 8410 + 5700
     = 8110 + 300 + 5700
     = 8110 + 6000
     = **14110**

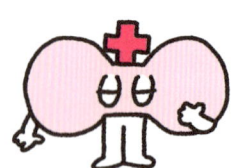

(5)   3258＋6987
= 3258＋2＋6985
= 3260＋6985
= 3240＋20＋6985
= 3240＋7005
= 10245

(6)   1234＋5678
= 1232＋2＋5678
= 1232＋5680
= 1212＋20＋5680
= 1212＋5700
= 6912

(7)   6543＋2198
= 6541＋2＋2198
= 6541＋2200
= 8741

(8)   3721＋4599
= 3720＋1＋4599
= 3720＋4600
= 3720＋300＋4300
= 4020＋4300
= 8320

(9)   4329＋1987
= 4329＋1＋1986
= 4330＋1986
= 4310＋20＋1986
= 4310＋2006
= 6316

(10)   7654＋3789
= 7653＋1＋3789
= 7653＋3790
= 7643＋10＋3790
= 7643＋3800
= 7443＋200＋3800
= 7443＋4000
= 11443

拆拆算：加法

1-4 成為加法高手

接下來,請計算以下各題,作為拆拆算的總複習吧!
習慣之後,分解次數應該會減少,計算也會變快!
讓我們朝著加法高手邁進!

問題

(1)　27 + 13 =

(2)　89 + 53 =

(3)　405 + 287 =

(4)　67 + 95 =

(5)　156 + 72 =

(6)　1029 + 564 =

(7)　82 + 46 =

(8)　759 + 267 =

(9)　48 + 15 =

(10)　2876 + 543 =

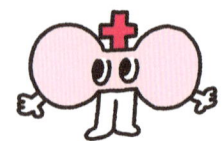

答案在 116 頁

2

拆拆算：減法

其實拆拆算也可以用於減法運算哦。
這一章，就來練習減法分解吧！

用心算算出二位數的減法

以下的問題，你會如何計算呢？

例 題

$$72 - 23 = \square$$

做減法運算時，會覺得「用筆算計算好麻煩哦……」或是「我不太會退位的計算……」吧。

這種時候，我們可以跟加法運算一樣用拆拆算！
依據例題來介紹做法，它比加法複雜一點，加油哦！

把減數調整成 30、70、100 等整十數！
想一想，還需要多少才能成為整十數。
這次是減 23，所以把它進化成整十數 20 吧！

接著進行分解！

$$72 - 23$$
$$= 72 - 20 - 3$$

以這種方式來分解！－ 23 變成－ 20 與－ 3。
（因為數字之前是減法，所以連同減法符號一起分解）

28

72 － 20 就可以心算了吧。

$$72 - 23$$
$$= 72 - 20 - 3$$
$$= 52 - 3$$

接著，**注意 52 的個位數「2」**！
如果少了 2，就能成為整十數 50 了，對吧。
所以，把 3 分解成 2 和 1，製造出「2」來！

$$52 - 3$$
$$= 52 - 2 - 1$$
$$= 50 - 1$$
$$= 49$$

用這種方式，一次又一次的分解，就會得出答案來！
習慣之後，即使不用分解這麼多次也能得到答案哦。

分解次數減少，就是成長的證明！
好了！一起來計算以下的問題吧！

暖身題 ①

$73 - 48$
$= 73 - \boxed{} - 8$
$= \boxed{} - 8$
$= 33 - \boxed{} - 5$
$= 30 - 5$
$= 25$

解答

$73 - 48$
$= 73 - \boxed{40} - 8$
$= \boxed{33} - 8$
$= 33 - \boxed{3} - 5$
$= 30 - 5$
$= 25$

> 減法符號也要一起分解喔！

> 要把 33 變成 30，把 -8 分解為兩個數字，得出 -3 和 -5

暖身題 ②

$93 - 38$
$= 93 - \boxed{} - 8$
$= 63 - 8$
$= 63 - \boxed{} - 5$
$= 60 - 5$
$= 55$

解答

$93 - 38$
$= 93 - \boxed{30} - 8$
$= 63 - 8$
$= 63 - \boxed{3} - 5$
$= 60 - 5$
$= 55$

> 先分解 30 和 -8 兩個數字

> 把 -8 分解！就會變成 -3 和 -5

> 問題

(1)　65 − 37 =

(2)　85 − 39 =

(3)　72 − 57 =

(4)　94 − 68 =

(5)　81 − 26 =

(6)　96 − 57 =

(7)　77 − 59 =

(8)　93 − 39 =

(9)　88 − 69 =

(10)　90 − 48 =

解法和答案

（1）　　65 − 37
　　= 65 − 30 − 7
　　= 35 − 7
　　= 35 − 5 − 2
　　= 30 − 2
　　= **28**

（2）　　85 − 39
　　= 85 − 30 − 9
　　= 55 − 9
　　= 55 − 5 − 4
　　= 50 − 4
　　= **46**

（3）　　72 − 57
　　= 72 − 50 − 7
　　= 22 − 7
　　= 22 − 2 − 5
　　= 20 − 5
　　= **15**

（4）　　94 − 68
　　= 94 − 60 − 8
　　= 34 − 8
　　= 34 − 4 − 4
　　= 30 − 4
　　= **26**

（5）　　81 − 26
　　= 81 − 20 − 6
　　= 61 − 6
　　= 61 − 1 − 5
　　= 60 − 5
　　= **55**

（6）　　96 − 57
　　= 96 − 50 − 7
　　= 46 − 7
　　= 46 − 6 − 1
　　= 40 − 1
　　= **39**

(7) $77 - 59$
 $= \underline{77 - 50} - 9$
 $= \underline{27} - 9$
 $= 27 - 7 - 2$
 $= 20 - 2$
 $= 18$

(8) $93 - 39$
 $= \underline{93 - 30} - 9$
 $= \underline{63} - 9$
 $= 63 - 3 - 6$
 $= 60 - 6$
 $= 54$

(9) $88 - 69$
 $= \underline{88 - 60} - 9$
 $= \underline{28} - 8 - 1$
 $= 19$

(10) $90 - 48$
 $= \underline{90 - 40} - 8$
 $= \underline{50} - 8$
 $= 42$

拆拆算（減法）要注意什麼？

第 28 頁曾經提到，在減法運算使用拆拆算時，**記得要把減法符號「－」一起分解**哦！像這樣：

$$65 - 37$$
$$= 65 - 30 - 7$$
……

這部分很容易錯誤，真的要小心哦！

2-2 用心算算出三位數的減法

$$872 - 356 = \square$$

接著，我們不用筆算來計算三位數的減法吧！
看到位數增加，很多人可能會認為「啊，真不想計算啊～」
但是，只要用拆拆算就能簡單的算出來哦！
我們一起來拆拆算吧。

把減數調整成整十數！一步步分解下去！
這次減數是 356，所以，要把它進化成整十數 300！

分解……

$$872 - 356$$
$$= 872 - 300 - 56$$

分解、再分解……

$$872 - 356$$
$$= 872 - 300 - 56$$
$$= 572 - 56$$

用這種方式分解！

接下來要分解減數 56，然後計算！從這裡開始和第 28 頁學到的二位數拆拆算一模一樣。

$$572 - 56$$
$$= 572 - 50 - 6$$
$$= 522 - 6$$

接著，注意 522 的個位數 2，把減 6 分解成 2 和 4！

$$522 - 6$$
$$= 522 - 2 - 4$$
$$= 520 - 4$$
$$= 516$$

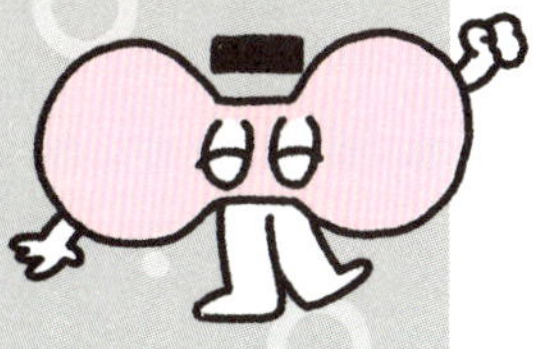

用這種方式，三位數的減法運算也能不斷分解，得到答案！
等習慣之後，試著減少分解次數就好了！

一起來計算以下的問題吧！

暖身題 ①

$885 - 127$
$= 885 - \boxed{} - 27$
$= 785 - 27$
$= 785 - \boxed{} - 7$
$= 765 - 7$
$= 765 - \boxed{} - 2$
$= 760 - 2$
$= 758$

解答

$885 - 127$
$= 885 - \boxed{100} - 27$
$= 785 - 27$
$= 785 - \boxed{20} - 7$
$= 765 - 7$
$= 765 - \boxed{5} - 2$
$= 760 - 2$
$= 758$

> 減數是127，所以分成減100和減27！

> 分解分解……

暖身題 ②

$543 - 289$
$= 543 - \boxed{} - 89$
$= 343 - 89$
$= 343 - 80 - 9$
$= 343 - \boxed{} - 40 - 9$
$= 303 - 40 - 9$
$= 263 - 9$
$= 263 - \boxed{} - 6$
$= 260 - 6$
$= 254$

解答

$543 - 289$
$= 543 - \boxed{200} - 89$
$= 343 - 89$
$= 343 - 80 - 9$
$= 343 - \boxed{40} - 40 - 9$
$= 303 - 40 - 9$
$= 263 - 9$
$= 263 - \boxed{3} - 6$
$= 260 - 6$
$= 254$

> 把－89分解成－40、－40和－9！

> 分解分解分解分解……

> 問題

(1)　378 − 265 =　　　(2)　542 − 328 =

(3)　724 − 583 =　　　(4)　936 − 647 =

(5)　810 − 246 =　　　(6)　963 − 579 =

(7)　777 − 594 =　　　(8)　931 − 398 =

(9)　885 − 697 =　　　(10)　902 − 448 =

解法和答案

(1) $378 - 265$
$= 378 - 200 - 65$
$= 178 - 65$
$= 113$

(2) $542 - 328$
$= 542 - 300 - 28$
$= 242 - 28$
$= 242 - 2 - 26$
$= 240 - 26$
$= 214$

(3) $724 - 583$
$= 724 - 500 - 83$
$= 224 - 83$
$= 224 - 20 - 63$
$= 204 - 63$
$= 141$

(4) $936 - 647$
$= 936 - 600 - 47$
$= 336 - 47$
$= 336 - 30 - 17$
$= 306 - 17$
$= 289$

(5) $810 - 246$
$= 810 - 200 - 46$
$= 610 - 46$
$= 610 - 10 - 36$
$= 600 - 36$
$= 564$

(6) $963 - 579$
$= 963 - 500 - 79$
$= 463 - 79$
$= 463 - 60 - 19$
$= 403 - 19$
$= 403 - 3 - 16$
$= 384$

(7)　　777 − 594
　　= 777 − 500 − 94
　　= 277 − 94
　　= 277 − 70 − 24
　　= 207 − 24
　　= **183**

(8)　　931 − 398
　　= 931 − 300 − 98
　　= 631 − 98
　　= 631 − 30 − 68
　　= 601 − 1 − 67
　　= 600 − 67
　　= **533**

拆拆算：減法

(9)　　885 − 697
　　= 885 − 600 − 97
　　= 285 − 97
　　= 285 − 80 − 17
　　= 205 − 17
　　= 205 − 5 − 12
　　= 200 − 12
　　= **188**

(10)　　902 − 448
　　= 902 − 400 − 48
　　= 502 − 48
　　= 502 − 2 − 46
　　= 500 − 46
　　= **454**

2-3 四位數的減法也可以用心算解答

最後,再把四位數的減法運算分解吧!

$$7542 - 4468 = \square$$

減法運算的大魔王四位數計算。大家已經了解分解的感覺了吧?即使**位數增加,但是算法相同**,最後再驗證一次吧。

1

把減數調整成整十數!一步步分解下去!
這次的**減數是 4468,所以,把它進化成整十數字 4000 吧!**

2

自己分解看看:

$$7542 - 4468$$
$$= 7542 - 4000 - 468$$
$$= 3542 - 468$$

之後就重複這個做法!

3

接下來,把減 468 分解、計算!

$$3542 - 468$$
$$= 3542 - 400 - 68$$
$$= 3142 - 68$$

4

接著是分解 68。

$$3142 - 68$$
$$= 3142 - 60 - 8$$

到這裡為止還是不好計算，所以**把 3142 分解為 3100 + 42** 再計算

$$3142 - 60 - 8$$
$$= 3100 + 42 - 60 - 8$$
$$= 3100 - 60 + 42 - 8$$
$$= 3040 + 42 - 8$$
$$= 3082 - 8$$

5

最後，**從減數 8 之中，製造 3082 的 2！**
把 8 分解成 2 和 6 吧！

$$3082 - 8$$
$$= 3082 - 2 - 6$$
$$= 3080 - 6$$
$$= 3074$$

所以，只要重複分解下去，就能計算出四位數的減法運算！
　　算到這裡，數字越大越像是一種有趣的計算法，靠著重複的分解，可以在享受演算的樂趣中，增進計算的能力哦！

2-4 成為減法高手

請計算以下各題，作為總複習吧！

問題

(1) 314 − 123 =　　(2) 54 − 26 =
(3) 333 − 95 =　　(4) 6821 − 4944 =
(5) 9457 − 498 =　　(6) 74 − 27 =
(7) 629 − 443 =　　(8) 2042 − 1033 =
(9) 345 − 259 =　　(10) 301 − 54 =

答案在 115 頁

阿奇老師教教我！ 什麼時候使用拆拆算呢？

有沒有人會想「所以到底什麼時候可以用拆拆算？」呢？

真是一針見血的問題。**不過拆拆算並不是「在這個計算中，一定要用！」或是「絕對必須這麼做！」**的算法。只要你發現「用分解的方法不是比較快？」時就用用看！

在各種不同的場合使用時，不妨在「啊！這裡不分解也能很快算出來！」或是「這裡用拆拆算比較容易！」中一面嘗試一面學習（自己試算，也許就是算術或數學的樂趣）。大量分解之後，漸漸會在腦中自然的計算出來。反正熟練之後也沒壞處，所以不妨在一開始盡量分解看看！

3

彩虹算

即使從 1 加到 1000 的運算,也能一秒鐘算出來。
學會彩虹算,成為彩虹高手吧。

3-1 5秒算出 1到10的加法運算

接下來，解答以下的例題！

例題 ①

$$1 + 2 + 3 + 4 + 5 + 6 + 7 + 8 + 9 + 10 = \square$$

大家都是用什麼方法計算呢？說不定也有人試著用拆拆算來計算吧。不過這次有種預感，拆拆算會很難分解哦……

按順序從小到大的數字加法，**費時又麻煩，好像也很容易算錯**。

這時候，彩虹算就是種計算連續數字相加時很方便的方法！
這裡依據例題①來介紹一下，不過，必須先做個準備。
我們從例題②開始吧！

例題 ②

以下的加法算式裡，一共有幾個數字呢？

$$1 + 2 + 3 + 4 + 5 + 6 + 7 + 8 + 9 + 10$$

答案是……10個！
很簡單吧。那麼下一題有幾個？

$$5 + 6 + 7 + 8 + 9 + 10$$

「1、2、3⋯⋯」數一數共有 6 個。

其實，這道題不用數，用計算就算得出來了！

方法是（最後的數）－（第一個數）+ 1

以這題來說

$$10 - 5 + 1 = 6$$

所以，是 6 個！

第一個算式 1 + 2 + 3 + 4 + 5 + 6 + 7 + 8 + 9 + 10，第一個數是 1，最後的數是 10，所以：

$$10 - 1 + 1 = 10$$

10 個！

這個算法在國中或高中才會學到，所以**如果學會，就很酷哦**！

打鐵趁熱，我就來說明一下彩虹算的做法吧。

1

如同下圖，**將第一個數與最後的數、第二個數和倒數第二個數⋯⋯像是畫彩虹一般畫線連起來。**

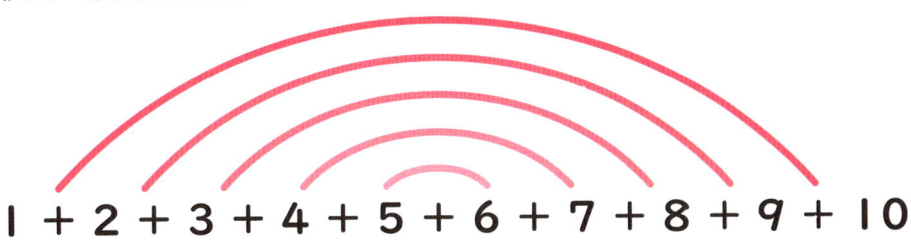

$$1 + 2 + 3 + 4 + 5 + 6 + 7 + 8 + 9 + 10$$

接著，把用線連接的數字加起來！

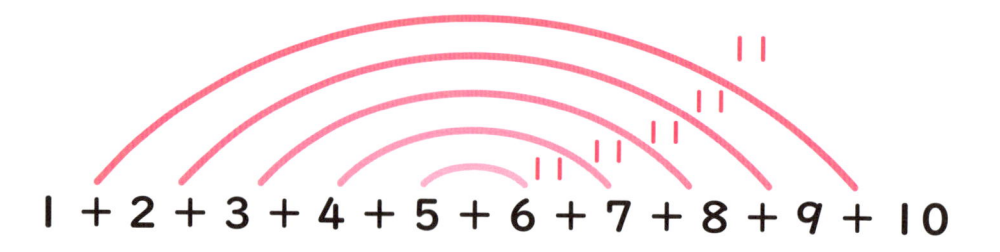

1 ＋ 2 ＋ 3 ＋ 4 ＋ 5 ＋ 6 ＋ 7 ＋ 8 ＋ 9 ＋ 10

你會發現，全部都是相同的數字。這一題的結果是 11。

2

算算看，彩虹線有幾條！以這一題來說是 5 條。

線條數的算法，只要（**數字的個數**）÷2 就行了。

10 個數的加法運算：

$$10 \div 2 = 5$$

所以彩虹線是 5 條。

3

把兩個數相乘就完成了！

$$1 + 2 + 3 + 4 + 5 + 6 + 7 + 8 + 9 + 10$$
$$= 11 \times 5$$
$$= 55$$

一起來練習以下的問題吧！

暖身題

$$4+5+6+7+8+9=$$

解 答

$$4+5+6+7+8+9$$

13（首先畫出彩虹線！兩個數加起來都是 13！）

$9-4+1=6$
$6\div 2=3$
所以彩虹線有 3 條！

$$=13\times 3$$
$$=39$$

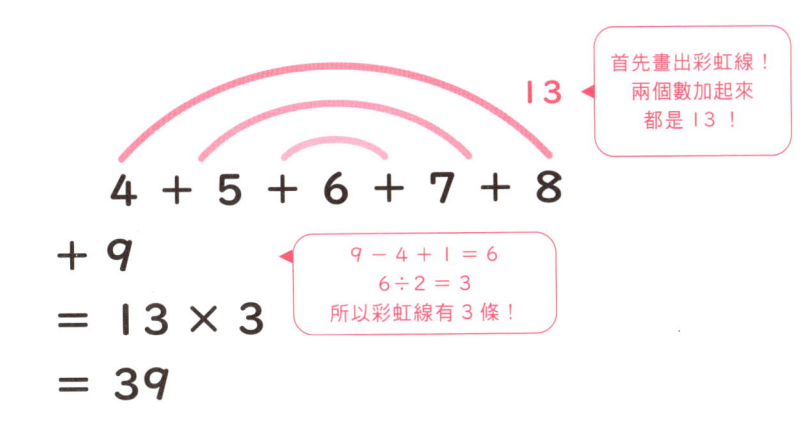

問 題

(1)　$10+11+12+13+14+15+16+17=$

(2)　$7+8+9+10+11+12+13+14=$

(3)　$21+22+23+24+25+26=$

(4)　$9+10+11+12+13+14+15+16+17+18=$

(5)　$40+41+42+43+44+45+46+47=$

3 彩虹算

解法和答案

（1） 首先用（最後的數）−（第一個數）＋1，算出個數！

$$17 - 10 + 1 = 8$$

接著，（數的個數）÷2，算出彩虹線有幾條！

$$8 \div 2 = 4$$

然後，把彩虹的頭和尾相加，乘以彩虹線數！

27

$$10 + 11 + 12 + 13 + 14 + 15 + 16 + 17$$
$$= 27 \times 4$$
$$= 108$$

（2）以後也是一樣的！大家一起來畫彩虹吧！
（畫彩虹時，用色鉛筆會更有趣！）

（2）
$$14 - 7 + 1 = 8$$
$$8 \div 2 = 4$$

21

$$7 + 8 + 9 + 10 + 11 + 12 + 13 + 14$$
$$= 21 \times 4$$
$$= 84$$

(3)　　　　　26 − 21 + 1 = 6
　　　　　　　　6 ÷ 2 = 3

　　　　　　　　　　　　　　　47

　　　21 + 22 + 23 + 24 + 25 + 26
= 47 × 3
= 141

(4)　　　　　18 − 9 + 1 = 10
　　　　　　　10 ÷ 2 = 5

　　　　　　　　　　　　　　27

　　9 + 10 + 11 + 12 + 13 + 14 + 15 + 16 + 17
+ 18
= 27 × 5
= 135

(5)　　　　　47 − 40 + 1 = 8
　　　　　　　　8 ÷ 2 = 4

　　　　　　　　　　　　　　87

　　40 + 41 + 42 + 43 + 44 + 45 + 46 + 47
= 87 × 4
= 348

3-2　1秒算出 1到100的加法運算

> **例題**

$$1 + 2 + 3 + 4 + \cdots + 97 + 98 + 99 + 100 = \boxed{}$$

即使相加的數字很多，也可以用彩虹算哦！
相同的步驟也沒問題，別放棄哦！

> **1**

第一和最後、第二和倒數第二……連線製造出彩虹。

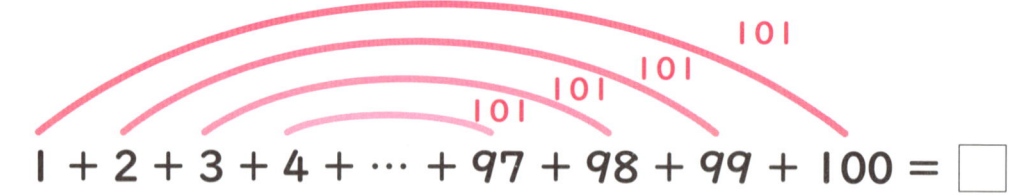

$$1 + 2 + 3 + 4 + \cdots + 97 + 98 + 99 + 100 = \boxed{}$$

（每條彩虹的值都是 101）

用線連接的數字，加起來全部都是相同數字。
這次，彩虹的值是 101！

> **2**

算出彩虹的值之後，再數一數數字的個數，用手指數太麻煩了，用第 43 頁教的技巧吧。

數的個數 =（最後的數）－（第一個數）+ 1

以這次來說：

$$100 - 1 + 1 = 100$$

接著，用（數的個數）÷2，得出彩虹線數！

$$100 ÷ 2 = 50$$

3

最後，只要把彩虹的頭尾相加，再乘以彩虹線數！

$$1 + 2 + 3 + 4 + \cdots + 97 + 98 + 99 + 100$$
$$= 101 × 50$$
$$= 5050$$

好了！一起來計算以下的問題吧！

問題

(1) $33 + 34 + 35 + \cdots + 66 + 67 + 68 = \square$

(2) $11 + 12 + 13 + \cdots + 98 + 99 + 100 = \square$

(3) $1 + 2 + 3 + \cdots + 96 + 97 + 98 = \square$

(4) $40 + 41 + 42 + \cdots + 77 + 78 + 79 = \square$

(5) $60 + 61 + 62 + \cdots + 99 + 100 + 101 = \square$

解法和答案

(1) 首先，用（最後的數）－（第一個數）＋1算出個數！

$$68 - 33 + 1 = 36$$

接著，用（數的個數）÷2得出彩虹線數！

$$36 \div 2 = 18$$

最後，只要把彩虹的頭尾相加，再乘以線數！

$$33 + 68 = 33 + 67 + 1 = 101$$

$$33 + 34 + 35 + \cdots + 66 + 67 + 68$$
$$= 101 \times 18$$
$$= 1818$$

（2）題以後也相同！大家一起來畫彩虹吧！

(2)
$$100 - 11 + 1 = 90$$
$$90 \div 2 = 45$$

111

$$11 + 12 + 13 + \cdots + 98 + 99 + 100$$
$$= 111 \times 45$$
$$= 4995$$

(3)　　　　98 − 1 + 1 = 98
　　　　　　98 ÷ 2 = 49

$$1 + 2 + 3 + \cdots + 96 + 97 + 98$$
$$= 99 \times 49$$
$$= 4851$$

(4)　　　　79 − 40 + 1 = 40
　　　　　　40 ÷ 2 = 20

$$40 + 41 + 42 + \cdots + 77 + 78 + 79$$
$$= 119 \times 20$$
$$= 2380$$

(5)　　　　101 − 60 + 1 = 42
　　　　　　42 ÷ 2 = 21

$$60 + 61 + 62 + \cdots + 99 + 100 + 101$$
$$= 161 \times 21$$
$$= 3381$$

> 阿奇老師教教我！

如果彩虹線數不能以2除盡，該怎麼辦？

前面用的算式都是「2 可以整除」的數（2 可以整除的數叫做**偶數**）。但是如果是 <u>2 不能整除的數字（奇數）</u>，該怎麼辦？這裡為了解說，我們先介紹小數。

小數是什麼

小數就是<u>比 1 小</u>、以小數點（.）表現的數。舉例來說，0.1 的意思是表示將 1 分成 10 等分中的 1 份。

也就是：

0.1＋0.1＋0.1＋0.1＋0.1＋0.1＋0.1＋0.1＋0.1＋0.1＝1.0

它也用於其他比 1 小的數字，像 0.5 或 0.03 等。那麼，我們就來思考奇數時要怎麼做彩虹算！

求 <u>3</u> ＋ 4 ＋ 5 ＋ 6 ＋ 7 ＋ 8 ＋ <u>9</u> ＝ ☐ 時

彩虹的線條就會是（<u>9</u>－<u>3</u>＋1）÷2＝7÷2＝3.5，對吧？
就算是這樣，還是可以計算，沒關係！

$$3 + 4 + 5 + 6 + 7 + 8 + 9$$
$$=（3 + 9）\times 3.5$$
$$= 12 \times 3.5$$
$$= 42$$

出來了！如果這裡能算出來，你已經是彩虹算的好手了！

3-3 挑戰從 1 到 1000 的連加運算

$$1+2+3+4+\cdots+997+998+999+1000=\square$$

把這個題目告訴朋友和家人,比比看誰最快算出來。大家可以用彩虹算快速算出來哦!

阿奇老師教教我!

彩虹算隨時都可以用嗎?

請注意,彩虹算**只有在數字連續時**,才可以使用。例如:

$$1+2+3+\cdots+9+10+11$$

這種時候可以用。

$$1+5+6+7+10$$

之類數字沒有規律時,
或是:

$$2+4+6+8+10+12+14$$

數字跳來跳去時,就不能用。

但是,未來大家在高中學數學時,有規律的跳躍加法,也能夠輕鬆的算得出來。隨時候你一定會驚訝的發現:「啊,這就是阿奇老師說的那個啊!」

解法和答案

1

第一與最後、第二與倒數第二的數,像畫彩虹一樣用線連起來:

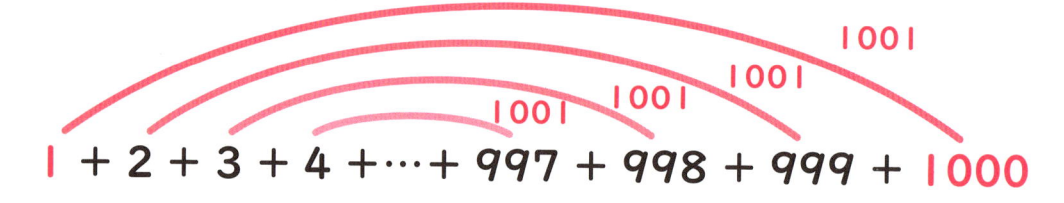

$$1 + 2 + 3 + 4 + \cdots + 997 + 998 + 999 + 1000$$

彩虹數值皆為 1001。

2

知道彩虹數值是 1001 之後,求它的個數:

$$1000 - 1 + 1 = 1000$$
$$1000 \div 2 = 500$$

3

把這兩個數相乘,就完成了!

$$1 + 2 + 3 + 4 + \cdots + 997 + 998 + 999 + 1000$$
$$= 1001 \times 500$$
$$= 500500$$

所以答案是 500500。

如何?很快吧?

接下來,是彩虹算中也會出現的乘法運算。努力加快速度吧!

阿奇老師教教我！

彩虹算的原理是什麼？

把它畫成圖，就能了解它的原理喔。

1 + 2 + 3 + 4 + 5 + 6 + 7 + 8 + 9 + 10

上面的算式用磚塊圖來思考吧！一個磚塊等於一個數！

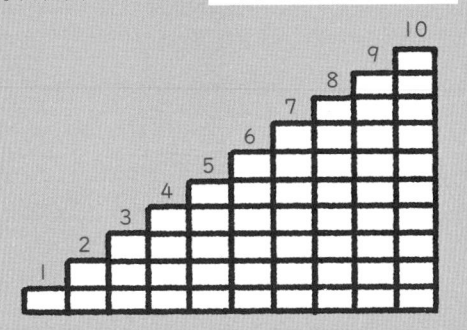

1

把 45 頁學到的「將第一與最後的數、第二和倒數第二的數……像是畫彩虹一般畫線連起來！」用在磚塊上。就會是這種感覺！

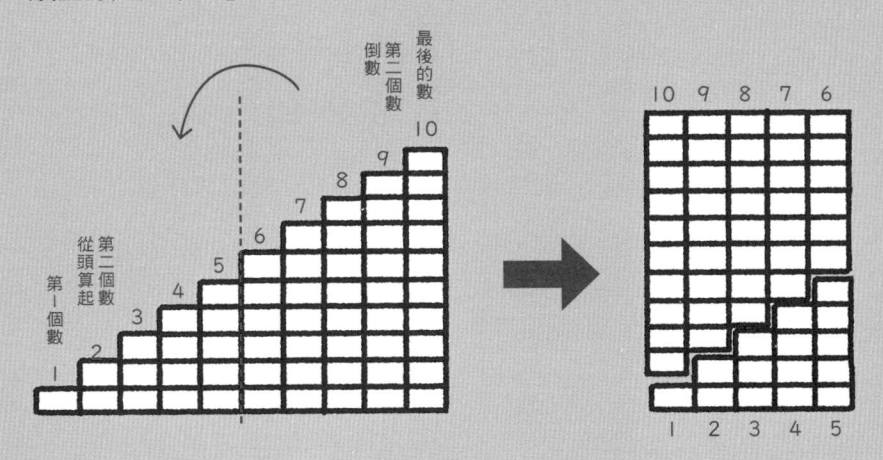

因為加起來變成長方形，所以彩虹加法的答案全部相同！

2

在 45 頁的 2 ，求彩虹線數時出現的算式：

$$（數字個數）÷ 2$$

的 ÷2 部分，是從中間切開磚塊階梯，合體之後形成的四角形寬度。從中間切開再合併，會是原來階梯長度的一半。

3

將兩個數相乘，完成！

也就是說，雖然求的是磚頭的個數，可是思考方式卻和求長方形面積相同：

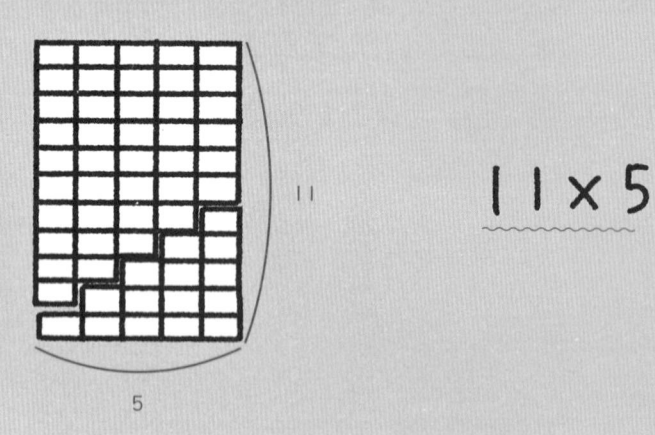

$$11 \times 5$$

請記住，「有時候，把算式換成圖形比較好懂」！

4

喀噠喀噠算

練習用心算解開 19×19 為止的相乘。祕密武器來到第 4 個,計算力應該已有提升。

4-1　1秒鐘用心算算出 19×19 為止的相乘

接下來，是用心算解出乘法運算。

例題 ①

$$12 \times 15 = \square$$

一起用心算算出這個問題吧！
訣竅就是**相乘後再相加，喀噠喀噠**！大家一起喀噠喀噠吧。

1

將兩個數的個位數相乘。12×15 的個位數是 2×5：

$$2 \times 5 = 10$$

把原本的算式寫成以下這樣：

$$12 \times 15 = \square\overset{1}{0}$$

2

第一個數（12）與第二個數的個位數（5）相加，這次也就是 12 加 5：

$$12 + 5 = 17$$

合併剛才的計算，就會寫成以下這樣：

$$12 \times 15 = 17\overset{1}{}0$$

3

把 `1` 與 `2` 的兩個加起來，完成！

$$12 \times 15 = 1\overset{1}{7}0$$
$$= 180$$

這個方法**從 11×11 到 19×19 也可以用**喔！
其他例題如下，來解題看看！

例題②

(1)　　18 × 19

$$\underline{1{\color{red}8}} \times 1\underline{{\color{red}9}} = \boxed{2\overset{7}{7}2}$$
$$= 342$$

第一步：乘
第二步：加

(2)　　11 × 11

$$\underline{1{\color{red}1}} \times 1\underline{{\color{red}1}} = \boxed{121}$$

第一步：乘
第二步：加

這一題不用像 `第1步` 那樣需要進位。
練習以下的計算問題，快速熟悉喀嚓喀嚓算吧！

問題

(1)　15 × 15 =

(2)　17 × 16 =

(3)　14 × 17 =

(4)　12 × 17 =

(5)　16 × 14 =

(6)　19 × 18 =

(7)　11 × 12 =

(8)　18 × 13 =

(9)　13 × 11 =

(10)　19 × 16 =

(11) 16 × 16 =   (12) 12 × 16 =

(13) 18 × 15 =   (14) 13 × 14 =

(15) 11 × 14 =   (16) 15 × 13 =

(17) 17 × 15 =   (18) 14 × 18 =

(19) 19 × 17 =   (20) 11 × 19 =

解法和答案

(1) 15×15
 $= 205$
 $= 225$

(2) 17×16
 $= 232$
 $= 272$

(3) 14×17
 $= 218$
 $= 238$

(4) 12×17
 $= 194$
 $= 204$

(5) 16×14
 $= 204$
 $= 224$

(6) 19×18
 $= 272$
 $= 342$

(7) 11×12
 $= 132$

(8) 18×13
 $= 214$
 $= 234$

(9) 13×11
 $= 143$

(10) 19×16
 $= 254$
 $= 304$

(11)　16 × 16
　　　　3
　　= 22**6**
　　= **256**

(12)　1**2** × 1**6**
　　　　1
　　= 18**2**
　　= **192**

(13)　1**8** × 1**5**
　　　　4
　　= 23**0**
　　= **270**

(14)　1**3** × 1**4**
　　　　1
　　= 17**2**
　　= **182**

(15)　1**1** × 1**4**
　　= **154**

(16)　1**5** × 1**3**
　　　　1
　　= 18**5**
　　= **195**

(17)　1**7** × 1**5**
　　　　3
　　= 22**5**
　　= **255**

(18)　1**4** × 1**8**
　　　　3
　　= 22**2**
　　= **252**

(19)　1**9** × 1**7**
　　　　6
　　= 26**3**
　　= **323**

(20)　1**1** × 1**9**
　　= **209**

> 阿奇老師教教我！

喀嚓喀嚓算的原理是什麼？

　　大家學會了喀嚓喀嚓算的技巧，這裡就來說明它的計算方法吧！這個方法大家都懂，也很簡單。**只要把從 11 × 11 到 19 × 19 的計算，想成 1 □ ×1 △的 2 個計算，然後就會變成以下的筆算！**

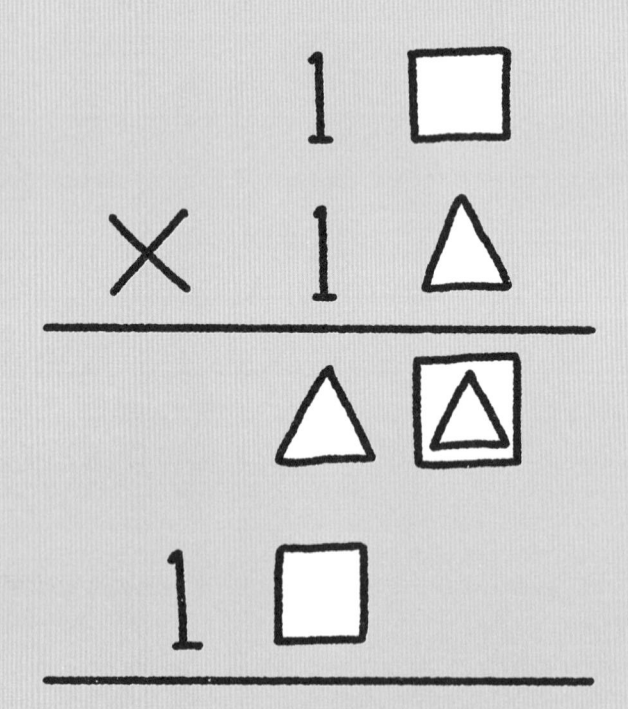

$$\begin{array}{r} 1\,\square \\ \times\ 1\,\triangle \\ \hline \triangle\,\boxed{\triangle} \\ 1\,\square \\ \hline \end{array}$$

　　所以，個位數是 △ 。
　　這個圖是表現 **1** 中「**將兩個數的個位數相乘**」。
　　第二位數、第三位數是 1 □＋△ 。
　　這是在表現 **2** 中「**第一個數與第二個數的個位數相加**」。因為這裡講的是從 11×11 到 19×19 之間的計算，所以第三位數就是 1。
　　接著只要思考進位就完成了！
　　大略可以了解了嗎？

5

笑笑算

所有的二位數乘法運算,全部不需要筆算就能達成!
學會笑笑算,考試滿分笑嘻嘻!

5-1 1秒鐘用心算算出二位數乘法

11×11 或 19×19 還不夠看,各位同學!接下來要介紹所有二位數相乘都能用的計算方法哦!名字叫做笑笑算!

例題

$$21 \times 31 = \square$$

這種計算不用筆算,直接用心算就能完成哦。分成 3 個步驟學會它!首先解說「笑笑算」的做法。

1

個位數與個位數相乘,二位數與二位數相乘,中間空下來,寫下結果:

$$21 \times 31 = 6\square 1$$

（2×3）　　　（1×1）

21 的個位數是 1,31 的個位數也是 1,把兩數相乘的數（1×1 的答案）寫在最右邊。接著是兩個二位數的相乘。21 的二位數是 2,31 的二位數是 3,把相乘數（2×3 的答案）寫在左邊。

2

接下來,內與內、外與外畫出微笑線,彼此相乘後相加,數字寫在中間:

$$21 \times 31 = 651$$

2×1 = 2
1×3 = 3
2+3

這樣就得到答案 651。請用同樣的問題練習一下。

暖身題

21×41

$= 8\boxed{}1$

答案

21×41

$2 \times 1 = 2$
$1 \times 4 = 4$

$= 861$

注意微笑線的畫法！
是 $2 \times 1 = 2$ 和 $1 \times 4 = 4$ 哦！

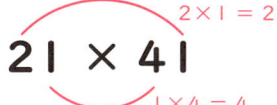

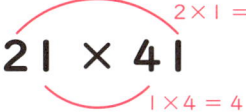

2 和 4 相加得出 6，寫在中間！

問題

(1) $24 \times 11 =$

(2) $20 \times 31 =$

(3) $13 \times 22 =$

(4) $12 \times 14 =$

(5) $11 \times 22 =$

(6) $23 \times 13 =$

(7) $33 \times 21 =$

(8) $13 \times 30 =$

(9) $35 \times 11 =$

(10) $31 \times 22 =$

解法和答案

(1) 24 × 11
= 2 ⬜ 4
   2 + 4
= **264**

(2) 20 × 31
= 6 ⬜ 0
   2 + 0
= **620**

(3) 13 × 22
= 2 ⬜ 6
   2 + 6
= **286**

(4) 12 × 14 　笑笑算
= 1 ⬜ 8
   4 + 2
= **168**

(5) 11 × 22
= 2 ⬜ 2
   2 + 2
= **242**

(6) 23 × 13 　這樣也能笑笑算！
= 2 ⬜ 9
   6 + 3
= **299**

(7) 33×21 (上 3, 下 6)

$= 6 \boxed{} 3$
  (3 + 6)

$= 693$

(8) 13×30 (上 0, 下 9)

$= 3 \boxed{} 0$
  (0 + 9)

$= 390$

(9) 35×11 (上 3, 下 5)

$= 3 \boxed{} 5$
  (3 + 5)

$= 385$

(10) 31×22 (上 6, 下 2)

$= 6 \boxed{} 2$
  (6 + 2)

$= 682$

5-2 進位計算也能用笑笑算解答

用笑笑算時，有時候中間的相加會成為二位數。來學學這時候該怎麼處理吧。

例題

$$23 \times 41 = \square$$

也許看起來有點難，但是因為會「進位」，以中間為標準，只要進位一位數就行了。一起來看看吧。

1

個位數與個位數、二位數與二位數相乘，中間空下來寫出結果。
到這裡都和之前相同：

$$23 \times 41 = 8\;\square\;3$$

2×4
3×1

2

內與內、外與外畫出微笑線，彼此相乘後相加，數字寫在中間。
中間成了二位數 14。所以還要一個步驟：

$$23 \times 41 = 8\;\boxed{4}\;3$$

$2 \times 1 = 2$
$3 \times 4 = 12$
$2 + 12 = 14$

經濟新潮社

多巴胺國度
在縱慾年代找到身心平衡

安娜・蘭布克醫師 著
鄭煥昇 譯

DOPAMINE NATION
FINDING BALANCE IN THE AGE OF INDULGENCE

美國暢銷20萬本
成功戒癮的經典之作

多巴胺國度
在縱慾年代找到身心平衡

美國暢銷20萬本・成功戒癮的經典之作

揭露人們在慾望國度中的瘋狂歷險、
所付出的代價,以及,如何平安歸來。

成癮的爽、戒癮的痛,爽痛之間該如何取得平衡?

沈政男、蔡振家、蔡宇哲 | 一致推薦

作者 | 安娜・蘭布克醫師　譯者 | 鄭煥昇　定價 | 450元

BLOG
FACEBOOK

從「利率」看經濟

看懂財經大勢，學會投資理財

**你的工作、存款和貸款、
甚至你的退休金，都跟「利率」有關！**

日本No.1經濟學家──瑞穗證券首席市場經濟學家上野泰也，
教你從最基本的「利率」觀念，進而了解金融體系的運作、各
種投資理財商品的特性、看懂財經新聞、洞悉經濟大勢！

專業推薦

《Smart智富》月刊社長	**林正峰**
台灣頂級職業籃球大聯盟(T1 LEAGUE)副會長	**劉奕成**
《JG說真的》創辦人	**JG老師**
台大經濟系名譽教授	**林建甫**
台灣科技大學財務金融所教授	**謝劍平**
財經作家 Mr.Market	**市場先生**

**從「匯率」看經濟：
看懂股匯市與國際連動，
學會投資理財**

2024年
第一季出版

職場工作者必讀

打造敏捷企業：在多變的時代，徹底提升組織和個人效能的敏捷管理法

作者｜戴瑞．里格比等著
譯者｜江裕真
定價｜520元

敏捷思考的高績效工作術：在沒有答案的時代，繼續生存的職場五力

作者｜坂田幸樹
譯者｜許郁文
定價｜450元

Facilitation引導學：有效提問、促進溝通、形成共識的關鍵能力

作者｜堀公俊
譯者｜梁世英
定價｜370元

西蒙學習法：如何在短時間內快速學會新知識

作者｜友榮方略
定價｜360元

向編輯學思考：激發自我才能、學習用新角度看世界，精準企畫的10種武器

作者｜安藤昭子
譯者｜許郁文
定價｜450元

知識的編輯學：日本編輯教父松岡正剛教你如何創發新事物

作者｜松岡正剛
譯者｜許郁文
定價｜450元

未來，唯學習者生存

3

只要把中間數進位，加入第三位數就行了！答案是 943。

$$23 \times 41 = 843$$
$$= 943$$

一起來練習進位計算吧。

阿奇老師教教我！ 笑笑算的原理是？

也許已經有人注意到了，這是一種**不用筆算的算法**。可能有人會說：「阿奇老師，你在說什麼啦？」

在一旁用筆算相同計算的話，你應該就會懂了！

笑笑算中間的 ☐，就是筆算中以下的 ☐ 部分哦！

```
   23
 ×
   41
  ┌──┐
  │23│      這裡的計算是
  │92│      中間的☐
  └──┘
  943
```

這裡搞懂的話，進位的計算應該就容易理解了！**不用筆算得出答案的笑笑算，其實還是筆算……**這是不是很有趣呢？

多動手演算幾次，自然就能學會了。

你不妨也面帶微笑的把這招教給朋友吧。

暖身題 ①

22 × 14 = ☐

答案

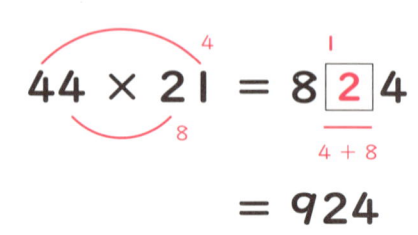

$$22 \times 14 = 2\boxed{0}8$$
$$= 308$$

(8, 2, 8+2)

暖身題 ②

33 × 23 = ☐

答案

$$33 \times 23 = 6\boxed{5}9$$
$$= 759$$

(9, 6, 9+6)

暖身題 ③

44 × 21 = ☐

答案

$$44 \times 21 = 8\boxed{2}4$$
$$= 924$$

(4, 8, 4+8)

問題

(1)　41 × 13 =

(2)　91 × 11 =

(3)　23 × 22 =

(4)　19 × 91 =

(5)　34 × 32 =

(6)　81 × 17 =

(7)　71 × 18 =

(8)　32 × 34 =

(9)　49 × 21 =

(10)　44 × 22 =

解法和答案

(1) 41×13 (12 above, 1 below)

$= 4\boxed{3}3$ (1 above box; 12+1 below)

$= 533$

(2) 91×11 (9 above, 1 below) ◀ 笑笑算

$= 9\boxed{0}1$ (1 above box; 9+1 below)

$= 1001$

(3) 23×22 (4 above, 6 below)

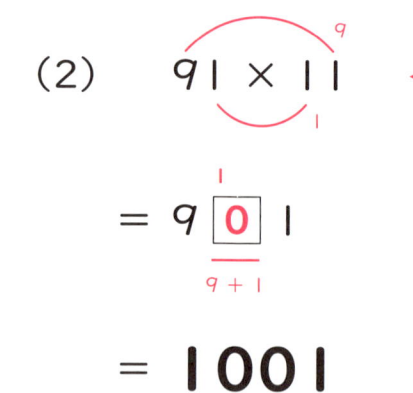

$= 4\boxed{0}6$ (1 above box; 4+6 below)

$= 506$

(4) 19×91 (1 above, 81 below)

$= 9\boxed{2}9$ (8 above box; 1+81 below)

$= 1729$

(5) 34×32 (6 above, 12 below)

$= 9\boxed{8}8$ (1 above box; 6+12 below)

$= 1088$

(6) 81×17 (56 above, 1 below) ◀ 這樣也能笑笑算

$= 8\boxed{7}7$ (5 above box; 56+1 below)

$= 1377$

(7) 71 × 18
    56
    1

= 7 [7] 8
   5
   56 + 1

= 1278

(8) 32 × 34 ◀ 面露微笑
    12
    6

= 9 [8] 8
   1
   12 + 6

= 1088

(9) 49 × 21
    4
    18

= 8 [2] 9
   2
   4 + 18

= 1029

(10) 44 × 22
     8
     8

= 8 [6] 8
   1
   8 + 8

= 968

5-3 用笑笑算算出所有二位數的計算

學到這裡，所有的二位數計算都能用笑笑算完成哦。

剛才畫微笑線的時候，學會了進位的計算吧？
其實很多地方都會出現進位的需要，所以全都可以依樣畫葫蘆哦。

例題

$$72 \times 18 = \square$$

1

個位數與個位數相乘，中間空一格寫下結果。這時把有進位的數字寫出來。這一題的話是 1。

$$72 \times 18 = 7\;\square\;6$$

$2 \times 8 = 16$

$7 \times 1 = 7$

2

連接內與內、外與外的數字，畫成微笑符號，相乘再相加，填在空格中，這次還要加上 1 的 1，變成 59！

最後再多想一步：

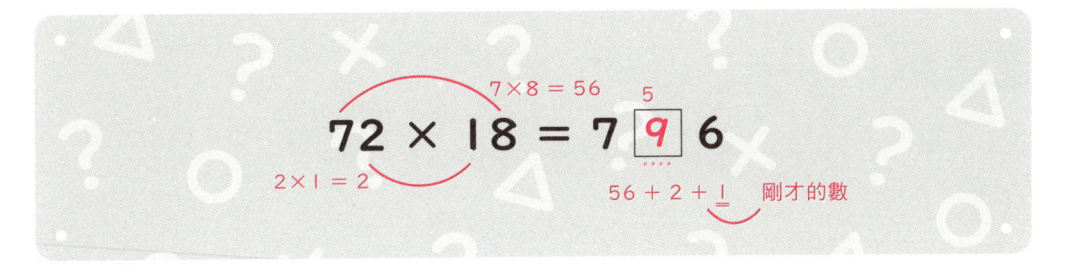

$$7 \times 8 = 56$$
$$72 \times 18 = 7\boxed{9}6$$
$$2 \times 1 = 2$$
$$56 + 2 + 1 \quad 剛才的數$$

3

把中間的進位加到第三位數：

$$72 \times 18 = \underline{7}\,\boxed{9}\,6$$
$$+5 = 12$$
$$= 1296$$

因為要「進位」，只要從標準往前加就行了。

接下來，用暖身題練習一下。

暖身題①

$$43 \times 34 = \square$$

答案

$$43 \times 34 = 12\boxed{}2$$ ← 先將個位數和十位數分別乘出來

$$43 \times 34 = 12\boxed{6}2$$
（16 + 9 + 1）

$$= 1462$$

暖身題②

$$52 \times 48 = \square$$

答案

$$52 \times 48 = 20\boxed{}6$$ ← 十位數的 5×4＝20 和個位數的 2×8＝16

$$52 \times 48 = 20\boxed{9}6$$
（40 + 8 + 1）

$$= 2496$$

問題

(1)　33 × 72 =

(2)　23 × 41 =

(3)　35 × 52 =

(4)　77 × 24 =

(5)　48 × 33 =

(6)　89 × 74 =

(7)　91 × 59 =

(8)　69 × 41 =

(9)　99 × 99 =

(10)　80 × 39 =

解法和答案

(1) 33 × 72
　　6
　　21
= 21 [7] 6
　　2
　6 + 21
= **2376**

(2) 23 × 41　笑笑算！！
　　2
　　12
= 8 [4] 3
　　1
　2 + 12
= **943**

(3) 35 × 52
　　6
　　25
= 15 [ ] 0
　　1
= 15 [2] 0
　　3
　6 + 25 + 1
= **1820**

(4) 77 × 24
　　28
　　14
= 14 [ ] 8
　　2
= 14 [4] 8
　　4
　28 + 14 + 2
= **1848**

(5) 48 × 33
　　12
　　24
= 12 [ ] 4
　　2
= 12 [8] 4
　　3
　12 + 24 + 2
= **1584**

(6) 89 × 74　笑著笑著就算出來了
　　32
　　63
= 56 [ ] 6
　　3
= 56 [8] 6
　　9
　32 + 63 + 3
= **6586**

82

(7) 91×59 81, 5

$= 45\boxed{6}9$ 8

    81 + 5

$= 5369$

(8) 69×41 6, 36

$= 24\boxed{2}9$ 4

    6 + 36

$= 2829$

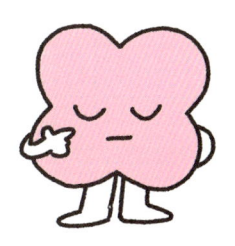

(9) 99×99 81, 81 ◀ 81 + 81 = 162

$= 81\boxed{}1$ 8

$= 81\boxed{0}1$ 17

    81 + 81 + 8

$= 9801$

(10) 80×39 72, 0

$= 24\boxed{2}0$ 7

    72 + 0

$= 3120$

5-4 笑笑算大挑戰！

最後，蒐集各種二位數乘以二位數的計算題。趕快樓上招樓下、阿母招阿爸、阿公招阿嬤，還有哥哥、姊姊和朋友，大家一起來挑戰競速計算比賽吧。

計算時，笑著笑著寫，頭腦好像更會清醒哦？

問題

(1)　27 × 38 =　　　　(2)　15 × 21 =

(3)　12 × 32 =　　　　(4)　33 × 47 =

(5)　68 × 23 =　　　　(6)　91 × 12 =

(7)　44 × 56 =　　　　(8)　76 × 29 =

(9)　63 × 42 =　　　　(10)　85 × 17 =

（答案在 117 頁）

6 橫排法

別擔心,我們會先從複習分數開始。
這是一種 7 秒鐘算出約分的魔法武器喲!

6-1 分數是什麼？

這一章，我們先從學習分數開始！

已經學會分數的同學可以先跳過，從 87 頁開始就行了！

「學過，但是不太懂……」或是「還沒學過！」的同學也沒關係，現在來學就好了。分數是兩個數字直立排列的數。

分數的例子如：

$$\frac{1}{2} \quad \frac{5}{9} \quad \frac{2}{100}$$

數字各有各的名字：

$$分數 = \frac{分子}{分母}$$

橫線以下的叫做分母，橫線以上的叫做分子。

那麼，大家知道以下的數字之中，哪個是分數嗎？

例題

$$2 \quad \frac{5}{3} \quad \frac{100}{1000} \quad 23 \quad 0.3 \quad \frac{5}{7}$$

答案是 $\frac{5}{3}$、$\frac{100}{1000}$、$\frac{5}{7}$！

了解了分數是什麼，接下來我們用圖來研究「話說回來，分數是想表現什麼」吧！請記住「分數」這個詞，**分數就是分開的數**。

例如 $\frac{3}{5}$ 是表示**把一個東西分成 5 份之後的 3 份**！
先畫一個圓圈……

一整個圓：

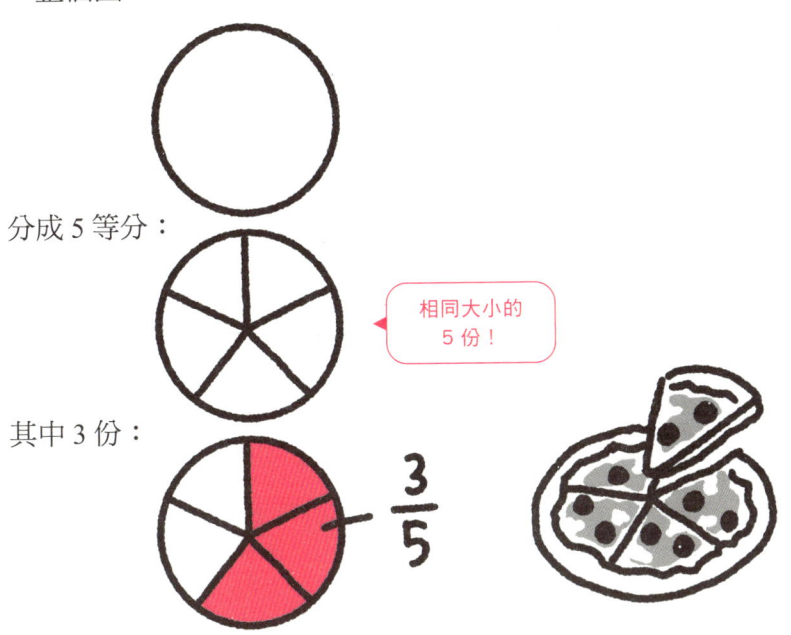

分成 5 等分：

相同大小的 5 份！

其中 3 份：

$\frac{3}{5}$

用披薩來想像就很容易懂了吧！
那麼，我們用例題來加深對分數的印象吧！

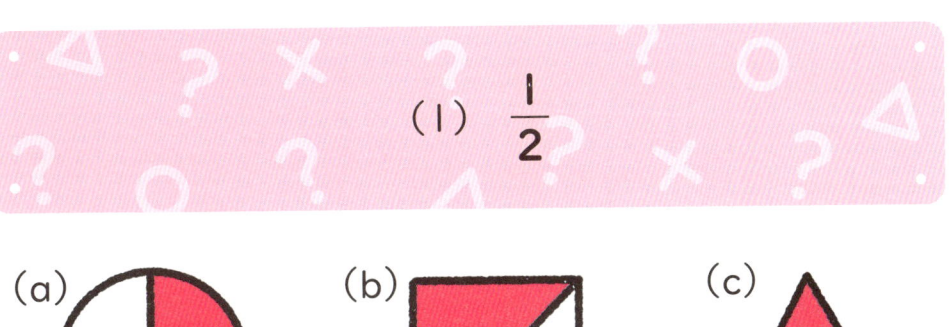

例 題 ②　請從〈a〉〈b〉〈c〉中選出最符合以下這個分數的形象！

（1）$\frac{1}{2}$

(a)　　　　(b) 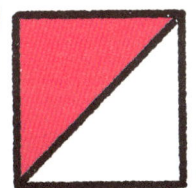　　　　(c)

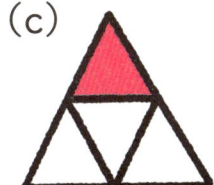

6

橫排法

87

(2) $\dfrac{2}{7}$

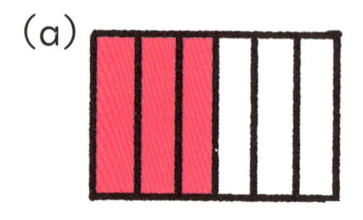

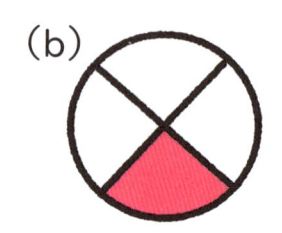

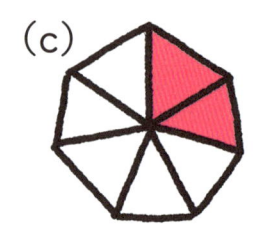

(a)　(b)　(c)

(1) 的答案是 b
a 是 $\dfrac{1}{3}$　c 是 $\dfrac{1}{4}$

只要看全體分成幾等份就知道了！
a 分成 3 份，b 分成 2 份，c 是 4 份。中間只有 1 塊有塗上顏色。

(2) 的答案是 c
a 分成 6 等分，有 3 塊塗色，所以是 3/6，b 分成四等分，有一塊塗色，所以是 $\dfrac{1}{4}$。
c 是 7 等分，有 2 塊塗色，所以是 $\dfrac{2}{7}$！

大家都理解分數是什麼的話，就要進入約分的說明嘍！
以下這兩個分數，其實是一樣大的，大家知道為什麼嗎？

$$\dfrac{1}{2} \quad \dfrac{5}{10}$$

在分數當中，很多時候分母與分子可以被同一個數整除，盡可能變成數字小一點的分數，這叫做「**約分**」。
這個例題裡 $\dfrac{5}{10}$ 的分子是 5，分母是 10，所以，兩者都能被 5 整除。

於是，

$$5 \div 5 = 1$$
$$10 \div 5 = 2$$

因此，就變成

$$\frac{5^1}{10_2} = \frac{1}{2}$$

學校測驗考時，出現分數如果不約分，經常會被算答錯哦。
所以，這裡就來做約分的練習吧！

例題 ③ 請將下列分數約分。

(1) $\dfrac{7}{21}$ (2) $\dfrac{100}{1000}$ (3) $\dfrac{48}{72}$

答案是……

(1) 是 $\dfrac{1}{3}$！7 和 21 都能被 7 整除，變成 $\dfrac{1}{3}$！

(2) 是 $\dfrac{1}{10}$。100 和 1000 都能被 100 整除，成為 $\dfrac{1}{10}$。

(3) 是 $\dfrac{2}{3}$！即使不能馬上知道「用 24 整除」，用小一點的數字慢慢除也沒關係！

大概是以下的感覺。

$$\frac{48^{24}}{72_{36}} = \frac{24^{12}}{36_{18}} = \frac{12^{6}}{18_{9}} = \frac{6^{2}}{9_{3}} = \frac{2}{3}$$

用 2 約分　　用 2 約分　　用 2 約分　　用 3 約分

6-2　5秒鐘約分 $\frac{51}{68}$

好，接下來請將這個分數約分！

例題

$$\frac{51}{68}$$

感覺「嗯嗯嗯——……！好難！」吧！應該有很多同學很難看出用什麼來除比較好。這種時候就要使出「橫排法」的特技。那就是把分數像下圖這樣橫向排列。

$$\frac{51}{68} \qquad 68 - 51 = 17$$

然後相減（大的數減小的數）。**得出的數字，就是「整除數」，可以約分。**

這次，想想「17可以被什麼數整除」，答案是1和17，所以猜想可以用17約分……，結果，成功了——！

$$\frac{51\,^3}{68\,_4} = \frac{3}{4}$$

如果不能約分的話，就表示數字不能再更小了！……所以，**不知道因數時，就將它橫排並列相減就行了。**

暖身題

$$\frac{63}{91}$$

答案

首先,把分母與分子橫向排列,大數減小數。所以……

$$91 - 63$$
$$= 91 - 60 - 3$$
$$= 31 - 1 - 2$$
$$= 30 - 2$$
$$= 28$$

拆拆算
拆拆算
拆拆算……

那麼,28 可以被什麼數整除呢?

$$1、2、4、7、14、28$$

這幾個數都是候選的除數!

這次好像可以用 7 約分哦。

分母與分子都用 7 來除,就得出 $\frac{9}{13}$ 的答案。

問題

(1) $\frac{95}{171}$ (2) $\frac{259}{333}$ (3) $\frac{377}{435}$

解法和答案

(1) 看看分數,首先大數減小數!

$$171 - 95$$
$$= 171 - 71 - 24$$
$$= 100 - 24$$
$$= 76$$

76可以用什麼數整除呢?

1、2、4、19、38、76

這些數都是候選因數!這次好像可以用19來約分哦。

將分母與分子用19來除,答案是 $\frac{5}{9}$ 。

(2) 把分母與分子橫向排列:

$$333 - 259$$
$$= 333 - 233 - 26$$
$$= 100 - 26$$
$$= 74$$

74可以用什麼數整除呢?

1、2、37、74

這些數都是候選因數!
這次好像可以用37約分!

分母與分子用37來除：

$$259 \div 37 = 7$$
$$333 \div 37 = 9$$

所以答案是：

$$\frac{7}{9}$$

（3）橫向排列：

$$435 - 377$$
$$= 435 - 335 - 42$$
$$= 100 - 42$$
$$= 58$$

58可以用什麼數整除呢？

$$1、2、29、58$$

這些數都是候選因數！
這次好像可以用29約分！
分母與分子用29來除：

$$377 \div 29 = 13$$
$$435 \div 29 = 15$$

所以，答案是：

$$\frac{13}{15}$$

6-3 試算在 5 秒內約分 $\frac{5080}{5207}$

最後來挑戰大魔王吧！

$$\frac{5080}{5207} = \square$$

「嗯……這可以約分嗎？真的嗎……？」

$$5207 - 5080$$
$$= 5207 - 5000 - 80$$
$$= 207 - 80$$
$$= 127$$

127 可以用什麼數整除呢？

1、127

這些數都是候選因數！
試試看用 127 來除的話……
哇！成功了──！！！

$$\frac{5080}{5207} = \frac{40}{41}$$

約分在小學、國中、高中一直都用得到，所以，請一定把橫排法學會，還可以向朋友炫耀一下。

> 阿奇老師教教我！

怎樣找到候選的因數？

前面我只簡單的寫了「好像可以用○○約分」，不過應該有同學覺得「哪有那麼簡單啊！」（有這種同學吧？）

我們就來討論一下這個問題。例如，91頁的這個問題：

$$(1) \quad \frac{95}{171}$$

用橫排法得出76，可整除的數有「1、2、4、19、38、76」。這些都是候選因數，但是你可能會想「有這麼多，一點也不輕鬆嘛」。

這裡請大家特別注意的是「2、4、38、76」全部是偶數（＊偶數是2可以整除的數）。

要注意的是，95和171都不能被2整除，當然也不能被比2大的偶數約分！

舉例來說，可以用4約分的數，就可以用2約分吧？

$\frac{4}{16}$ 可以用4約分成 $\frac{1}{4}$。

只是用2也能約分，用2約分一次，變成 $\frac{2}{8}$，再用2約分一次，變成 $\frac{1}{4}$

所以（1）的問題，才會用19來測試！

> 阿奇老師教教我！

「質數」和「因數」是什麼意思？

　　也許大家在學校或補習班聽過質數或因數這兩個詞。在 89 頁思考 17「能被什麼數整除」時，最後只有 1 和 17 對吧。像 17 這種，**只能被 1 和自己除盡的數，叫做質數**。這一點先記住哦。

　　然後，前面被當成「除數」的數，叫做**因數**。
　　例如，76 可以除盡的數，有「1、2、4、19、38、76」。
　　這裡的**「1、2、4、19、38、76」就是 76 的因數**。

　　所以，大家只要思考，用橫排法得出數字的因數，能不能約分就行了。
　　另外，如果用橫排法算出的數是質數的話，只要想想用它能不能約分就 OK 了。
　　因為**質數的因數只有 1 和自己而已**。

　　這裡有一個問題，23 是不是質數？

　　23 是質數，**23 的因數只有 1 和 23 而已**。此外，**2、3、5、7、11、11、19** 也是質數，第 94 頁出現的 127 也是質數喔。其他還有好多質數，如果你找到質數，請跟阿奇老師說一聲喔！

7

消去・代換法

最後的武器是用心算計算比例計算！
即使是 1200 的 4%，也能秒速算出哦！

7-1 首先，比例是什麼？

比例是表示**某部分與全體相比的數量有多少**。
簡單的說就是分數。**分數中的分母就是全體**。

舉例來說，$\frac{3}{5}$。的話，5 是全體的量，全體的 5 份中的 3 份。
在算比例時，經常會把全體當成 100 或 10 來計算！
如果將全體當成 100，稱為百分比（percent）。

所以，例如 50％ 寫成數值就是 $\frac{50}{100}$！換個說法，50％ 就是一半的意思。
這裡先來計算簡單一點的問題。

例題 ①

請將下列的％改成分數！但是全體為 100！

(1) 65％　　(2) 3％　　(3) 22％
(4) 93％　　(5) 120％

答案

(1) $\frac{65}{100}$　(2) $\frac{3}{100}$　(3) $\frac{22}{100}$　(4) $\frac{93}{100}$　(5) $\frac{120}{100}$

像這樣，％就是把分母當成 100，懂了吧！

例題②

「蘋果和橘子共有 40 個。如果其中 60％是蘋果，那蘋果與橘子各有幾個？」

答案

如果使用比例的思考法，求蘋果數的算式為：

$$40 \times \frac{60}{100} = 24$$

因此得知蘋果 24 個，橘子 16 個：

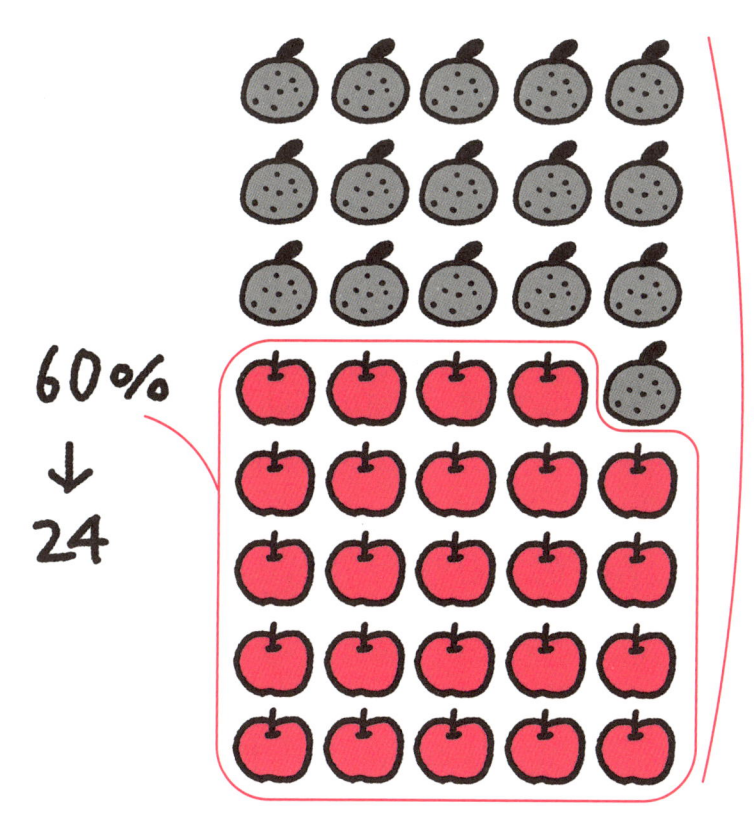

60％
↓
24

全部 40

如果用全部數量的 0％來表示，可以將％改成分數，然後相乘就行了。

消去法 心算可以算出比例①

例題 試做以下的計算：

（1）40 的 60% 是多少？（2）1200 的 4% 是多少？
（3）1090 的 30% 是多少？

雖然說是學比例，但是看到這些問題，恐怕大喊「不會～」、「計算太複雜」的人會爆增吧。

第一個問題，就是剛才的：

$$40 \times \frac{60}{100} = 24$$

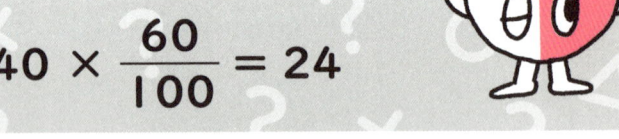

其實，如果用這裡說明的消去法，會更簡單哦。

答案

當遇到這次的問題有兩個 0 的時候，兩個 0 一起消去，剩下的數相乘就能得出答案了哦！

（1）「40 的 60%」：

40 の 60%

$$4 \times 6 = 24$$

（2）其他像是「1200 的 4%」：

1200 の 4%

$$12 \times 4 = 48$$

也可以用這種感覺，消去零得出答案！

（3）「1090 的 30％」

$$1090 の 30\%$$
$$19 × 3 = 57$$

不是這樣哦！

注意點 在數字中的 0 不能消去！

$$1090 の 30\%$$
$$109 × 3 = 327$$

答案是 327！

問題

(1)　1200 元的 43％是多少？

(2)　66606 的 20％是多少？

(3)　500 元的 4％是多少？

(4)　41200 圓的 25％是多少？

(5)　930 的 70％是多少？

解法和答案

（1） 1200的43％是多少？

$$12 \times 43 = 516$$

※ 如果已經熟練笑笑算的話，立刻就算出來了

答案是516

（2） 6660的20％是多少？

$$666 \times 2 = 1332$$

答案是1332

（3） 500的4％是多少？

$$5 \times 4 = 20$$

答案是20

（4） 41200元的25％是多少？

$$412 \times 25 = 10300$$

答案是10300元

（4） 930元的70％是多少？

$$93 \times 7 = 651$$

答案是651元

> 阿奇老師教教我！

消去法的原理是什麼？

---

　　99 頁用蘋果和橘子舉例說明過，比例的問題如果是「全部數量的○％」，那麼％就能改成分數，把全部數量和分數相乘就能得出答案了。**％表示分母是 100**，所以**如果數字的個位數和二位數是 0，就一定可以約分**！

　　找個具體的例子來驗證。101 頁的第 1 題「1200 元的 43％是多少？」平常是這麼計算的吧：

$$1200 \times \frac{43}{100}$$

$$= 12\cancel{00} \times \frac{43}{1\cancel{00}}$$

$$= 12 \times 43$$

$$= 516$$

也就是說，有 0 的時候，就可以約分！
所以，用消去法就能形成以下的算式！

$$12 \times 43 = 516$$

消去・代換法

7-3 代換法 心算可以算出比例②

例題

試做以下的計算！

（1）50 的 8% 是多少？　（2）25 的 12% 是多少？

答案

看到這個問題，也是會覺得「好像很難算」。

（1）的計算是：

$$50 \times \frac{8}{100} = 4$$

但是，如果用代換法的話會更簡單！
比例的問題，可以代換數字哦。

（1）　50 的 8% 是多少？　⇒　（1）　8 的 50% 是多少？

代換過來，不是變簡單了嗎？
既然是 50%，就是一半，馬上就可以秒答 4 了。

代換過來會變簡單的時候，就用代換法吧！像是第 2 題。

（2）　25 的 12% 是多少？　⇒　（2）　12 の 25% は？

這題也用代換法，12 的 25% 的話，**25% 是一半的一半**，所以答案是 3。

暖身題①

50 の 9% は？ ◀ 代換一下好像會變簡單！

解答

9 の 50% ◀ 太……太簡單了！！

所以答案是 4.5！

暖身題②

25 の 76% は？ ◀ 直接算似乎有點難……

解答

76 の 25% ◀ 簡……簡單多了！！

所以答案是 19！

問題

（1） 50 的 88% 是多少？

（2） 25 的 24% 是多少？

（3） 50 的 72% 是多少？

（4） 25 的 48% 是多少？

解法和答案

（1）50的88%是多少？
用代換法，可以想成88的50%，所以：

$$88 \div 2 = 44$$

答案是44

（2）25的24%是多少？
用代換法，可以想成24的25%，所以：

$$24 \div 2 \div 2 = 6$$

答案是6

（3）50的72%是多少？
用代換法，可以想成72的50%，所以：

$$72 \div 2 = 36$$

答案是36

（4）25的48%是多少？
用代換法，可以想成48的25%，所以：

$$48 \div 2 \div 2 = 12$$

答案是12

> 阿奇老師教教我！

代換法的原理是什麼？

　　因為%的計算是相乘運算，所以即使位置換過來，計算也會相同，這就是代換法的原理哦！

　　我們用實例來檢驗看看。105頁出的問題

（1）50的88%是多少？

用代換法來思考的話，是88的50%。

但按照原本的算法：

$$50 \times \frac{88}{100}$$

是 $50 \times \frac{8}{100}$，把分子代換之後：

$$50 \times \frac{88}{100}$$
$$= \frac{50 \times 88}{100}$$
$$= \frac{88 \times 50}{100}$$
$$= 88 \times \frac{50}{100}$$

這表示 80 的 50%。

50%是一半的意思，所以÷2就能簡單的算出來了！

> 咚生(tondento)
> 教教我！

阿奇咚咚在哪裡？

　　到目前為止，本書已經介紹 7 種算術道具！接下來的「計算高手之路」，最後兩個單元，要為大家介紹**自己要有能力判斷「什麼問題用哪種道具」**。困難的問題也能用道具解題，來試試看吧！

　　這本書中學會的算術技巧，各位一定要給大人們看看！大人們一定會很驚訝的喔。因為各位身邊的大哥哥、大姊姊、老師和大人們，不見得看過這些知識！

　　可以的話，請把你的讀後感告訴我，網路上很多地方都可以找到我喔（**不過，網路的使用方式，一定要跟身邊的大人商量過後才行**）！

　　是說，大家會不會覺得很奇怪，之前的專欄都是「阿奇咚咚（Akitonton）老師教教我」，為什麼這裡變成「tondento 教教我」？tondento 的意思是「阿奇咚咚老師的學生」。**閱讀本書的各位讀者，都是 tondento！**

　　tondento 的命名，來自**「學生」的英文 student 和阿奇咚咚 Akitonton 的合體**；也就是把阿奇咚咚（Akitonton）的最後一字「咚」（ton），加上學生的英文字尾 dent（日文念為 dento），變成「咚生」（tondento）。

8 計算高手之路

這一章是測驗題,看看各位把 7 個武器都學會了沒有。
目標:成為計算高手!

請一面復習,一面挑戰,直到 40 題全部答對為止。

不妨與家人或朋友比賽,看看誰最快全部答完,也很有趣哦。

(1)　　78 + 34 =

(2)　　25 的 36% 是多少?

(3)　　32 × 99 =

(4)　　344 − 255 =

(5)　　1 + 2 + 3 + … + 11 + 12 + 13 =

(6)　　50 的 98% 是多少?

(7)　　120 的 30% 是多少?

(8)　　35 × 72 =

(9)　　35 × 93 =

(10)　　$\frac{68}{85}$ 約分後是多少?

(11)　22 × 11 =

(12)　1500 的 22% 是多少？

(13)　740 + 279 =

(14)　931 − 244 =

(15)　5 + 6 + 7 + … + 19 + 20 + 21 =

(16)　$\dfrac{259}{333}$ 約分後是多少？

(17)　19 × 19 =

(18)　1250 的 90% =

(19)　21 × 31 =

(20)　10 + 11 + 12 + … + 35 + 36 + 37 =

(21)　39 ＋ 777 ＋ 23 ＝

(22)　50 的 2% 是多少？

(23)　949 － 79 ＝

(24)　1 ＋ 2 ＋ 3 ＋ … ＋ 112 ＋ 113 ＋ 114 ＝

(25)　$\dfrac{115}{161}$ 約分後是多少？

(26)　9384 － 4336 ＝

(27)　90 的 30% 是多少？

(28)　25 × 12 ＝

(29)　22 × 93 ＝

(30)　11 ＋ 12 ＋ 13 ＋ … ＋ 51 ＋ 52 ＋ 53 ＝

(31) 99 × 19 =

(32) 2700 的 22% 是多少？

(33) 25 的 20% 是多少？

(34) 234 + 43 + 159 =

(35) 945 − 79 =

(36) 940 的 20% 是多少？

(37) 22 × 57 =

(38) 41 × 20 =

(39) 44 + 45 + 46 + … + 75 + 76 + 77 =

(40) 21 + 22 + 23 + … + 101 + 102 + 103 =

解法和答案在 119 ～ 127 頁

> 阿奇老師教教我！

祕密武器的「祕密」到底是什麼？

　　看完這本書，你會不會覺得「咦，原來計算的方法有很多種嘛！」除了學校教的方法之外，還有很多方法，所以不妨多思考嘗試，找出最適合自己的計算方法。

　　在〈前言〉中提過祕密武器這個名字，靈感來自作者我的名字。我叫做「阿奇咚咚」，是個有點古怪的名字，所以大家都叫我「阿奇」。

　　⋯⋯各位注意到了嗎？因為我的名字是「咚咚」，所以書中的武器名「喀嚓喀嚓」、「笑笑」、「拆拆」也帶著這種節奏，很好玩吧？

　　用心去享受某件事的樂趣，感受到快樂後持續做下去，因為持續做而熟能生巧，這就是這本書的「祕密」。

　　這本書雖然是為小學生寫的，但是，我在寫的時候也試著讓國中生、高中生讀起來也很有趣。所以，等現在讀小學的你長大之後，歡迎你再打開這本書重新看看。
　　長大之後，你們應該會發現藏在這些祕密武器裡的「祕密」哦！

　　所以，我們一起努力直到那一天來臨吧！未來的人生還有很多需要學習，但千萬別忘了永遠要帶著笑容，開心的投入才好！

9 解法和答案

在看答案之前,自己先試著解題看看!自己動腦從各方面試試看,計算力也會跟著進步。

邁向成為加法高手之路（26頁）

　　我想大家都習慣計算，所以阿奇老師寫出在腦中進行的拆拆計算。如果不知道該在哪裡或怎麼分解的話，可以翻回第 10 頁或 16 頁，復習拆拆算的方法。

(1)　　27 + 13
　 = 30 + 10
　 = **40**

(2)　　89 + 53
　 = 90 + 52
　 = **142**

(3)　　405 + 287
　 = 402 + 290
　 = **692**

(4)　　67 + 95
　 = 70 + 92
　 = **162**

(5)　　156 + 72
　 = 126 + 102
　 = **228**

(6)　　1029 + 564
　 = 1030 + 563
　 = **1593**

(7)　　82 + 46
　 = 102 + 26
　 = **128**

(8)　　759 + 267
　 = 760 + 266
　 = 800 + 226
　 = **1026**

(9)   48 ＋ 15
= 50 ＋ 13
= **63**

(10)   2876 ＋ 543
= 2906 ＋ 513
= 3006 ＋ 413
= **3419**

邁向成為加法高手之路（42頁）

(1)   314 － 123
= 314 － 100 － 23
= 214 － 23
= 214 － 13 － 10
= 201 － 10
= **191**

(2)   54 － 26
= 54 － 20 － 6
= 34 － 6
= 34 － 4 － 2
= 30 － 2
= **28**

(3)   333 － 95
= 333 － 30 － 65
= 303 － 3 － 62
= 300 － 62
= **238**

(4)   6821 － 4944
= 6821 － 4000 － 944
= 2821 － 944
= 2821 － 800 － 144
= 2021 － 144
= 2021 － 21 － 123
= 2000 － 123
= **1877**

(5)   9457−498
  = 9457−400−98
  = 9057−98
  = 9057−57−41
  = 9000−41
  = **8959**

(6)   74 − 27
  = 74 − 20 − 7
  = 54 − 7
  = 54 − 4 − 3
  = 50 − 3
  = **47**

(7)   629−443
  = 629−400−43
  = 229−43
  = 229−20−23
  = 209−23
  = 209−3−20
  = 206−20
  = **186**

(8)   2042−1033
  = 2042−1000−33
  = 1042−33
  = 1042−32−1
  = 1010−1
  = **1009**

(9)   345−259
  = 345−200−59
  = 145−59
  = 145−45−14
  = 100−14
  = **86**

(10)   301 − 54
  = 301 − 50 − 4
  = 251 − 4
  = 251 − 1 − 3
  = 250 − 3
  = **247**

笑笑算（84頁）

(1) 27 × 38   (16, 21)
= 6 ☐ 6   (5)
= 6 **2** 6   (4)
  ‾‾‾‾‾
  16 + 21 + 5
= 1026

(2) 15 × 21   (1, 10)
= 2 **1** 5   (1)
  ‾‾‾‾
  1 + 10
= 315

(3) 12 × 32   (2, 6)
= 3 ☐ 4
  ‾‾‾
  2 + 6
= 384

(4) 33 × 47   (21, 12)
= 12 ☐ 1   (2)
= 12 **5** 1   (3)
  ‾‾‾‾‾‾‾
  21 + 12 + 2
= 1551

(5) 68 × 23   (18, 16)
= 12 ☐ 4   (2)
= 12 **6** 4   (3)
  ‾‾‾‾‾‾‾
  18 + 16 + 2
= 1564

(6) 91 × 12   (18, 1)
= 9 **9** 2   (1)
  ‾‾‾‾
  18 + 1
= 1092

9 解法和答案

119

(7) 44 × 56
　　　　24
　　　　20

$= 20\boxed{2}4$

$= 20\boxed{6}4$
　　24 + 20 + 2

$= 2464$

(8) 76 × 29
　　　　63
　　　　12

$= 14\boxed{5}4$

$= 14\boxed{0}4$
　　63 + 12 + 5

$= 2204$

(9) 63 × 42
　　　　12
　　　　12

$= 24\boxed{4}6$
　　　12 + 12

$= 2646$

(10) 85 × 17
　　　　56
　　　　5

$= 8\boxed{3}5$

$= 8\boxed{4}5$
　　56 + 5 + 3

$= 1445$

走向計算高手之路（110頁）

(1)   78 ＋ 34

    = 78 ＋ 2 ＋ 32   ◀ 把它想成 78 ＋ 2 等於 80

    = 80 ＋ 32

    = 80 ＋ 20 ＋ 12

    = 100 ＋ 12

    = 112

(2)   25 の 36％ は？

    代換成 36 的 25％，36 ÷ 4 ＝ 9，所以答案是

(3)   32 × 99   ◀ 超過 19×19 的二位數計算，可以用笑笑算解開哦！

    = 3168

(4)   344 － 255

    = 344 － 44 － 211

    = 300 － 211

    = 89

(5)   1 ＋ 2 ＋ 3 ＋ … ＋ 11 ＋ 12 ＋ 13

    彩虹頭尾相加等於 14，彩虹線數 6．5 條

    14 × 6.5 ＝ 91

(6)   50 の 98％ は？   ◀ 這是代換法。忘記的話，翻到第 104 頁確認一下！

    代換成 98 的 50％，98 ÷ 2 ＝ 49，答案是 49

(7)　　120の30%は？
　　　12 × 3 = 36

> 這是100頁學到的消去法！把0消去看看！

(8)　　35 × 72
　　= 2520

(9)　　35 × 93
　　= 3255

(10)　　$\dfrac{68}{82}$ 約分後是多少？

> 把分母與分子橫向排列，大數減小數

　　　可以用17約分，答案是 $\dfrac{4}{5}$！

(11)　　22 × 11
　　= 242

(12)　　1500の22%は？

> 消去0和0！

　　　15 × 22 = 330

(13)　　740 + 279
　　= 740 + 60 + 219
　　= 800 + 219
　　= 1019

(14)　931 − 244

　　　= 931 − 31 − 213

　　　= 900 − 213

　　　= 687

> 把 244 分解成 31 與 213。然後讓 931-31！

(15)　5 + 6 + 7 + … + 19 + 20 + 21

彩虹頭尾相加是 26，彩虹線數 8.5 條：

26 × 8.5 = 221

> 彩虹線數是變成奇數時的處理，請回頭看第 54 頁

(16)　$\frac{259}{333}$ を約分すると？

用 37 約分，答案是 $\frac{7}{9}$ 。

(17)　19 × 19

　　= 361

> 到 19×19 之前的乘法運算，可以用喀嚓喀嚓法算出來哦！

(18)　1250 的 90% =

125 × 9 = 1125

(19)　21 × 31

　　= 651

(20)　10 + 11 + 12 + … + 35 + 36 + 37

彩虹頭尾相加是 48，彩虹線數 14 條：

47 × 14 = 658

> 彩虹線數是偶數時，計算很簡單！

123

(21)　39 + 777 + 23
　　= 39 + 777 + 3 + 20
　　= 39 + 780 + 20
　　= 39 + 800
　　= 839

另解

　　　　39 + 777 + 23
　　= 39 + 1 + 776 + 23
　　= 40 + 776 + 23
　　= 10 + 30 + 776 + 23
　　= 10 + 806 + 23
　　= 839

> 拆拆算可以任意分解，你可以嘗試不同的做法！

(22)　50の2%は？
　　　代換成2的50%，2 ÷ 2 = 1，答案是1

(23)　949 − 79
　　= 949 − 9 − 70
　　= 940 − 70
　　= 940 − 40 − 30
　　= 900 − 30
　　= 870

> 79 分解成 9 和 70，70 分解成 40 與 30

(24)　1 + 2 + 3 + … + 112 + 113 + 114

　　　彩虹頭尾相加是115，彩虹線數57條：

　　　115 × 57 = 6555

(25)　$\dfrac{115}{161}$ 約分後是多少？

　　　把分母與分子橫向並排！
　　　橫排時，也可以用拆拆算哦！

　　　161 − 115
　　　= 161 − 100 − 15
　　　= 61 − 1 − 14
　　　= 60 − 14
　　　= 46

　　　46可以被什麼數除盡呢？

　　　有1、2、23、46

　　　用23可以約分，答案是 $\dfrac{5}{7}$。

(26)　9384 − 4336
　　　= 9384 − 4 − 4332
　　　= 9380 − 4332
　　　= 9380 − 4330 − 2
　　　= 5050 − 2
　　　= 5048

> 4336分解成
> 4與4332、
> 4332又分解成
> 4330與2

(27)　90的30%是多少？

　　　消去兩個0，9 × 3 = 27

9 解法和答案

(28) 25 × 12

= 300

(29) 22 × 93

= 2046

(30) 11 + 12 + 13 + □ + 51 + 52 + 53

彩虹頭尾相加是 64，彩虹線數 21.5 條

64 × 21.5 = 1376

> 3-11 + 1 = 43，
> 43 ÷ 2 = 21.5

(31) 99 × 19

= 1881

(32) 2700 的 22% 是多少？

消去兩個 0，27 × 22 = 594

(33) 25 的 20% 是多少？

代換成 20 的 25%，20 ÷ 4 = 5　答案是 5

(34) 234 + 43 + 159

= 234 + 42 + 1 + 159

= 234 + 42 + 160

= 234 + 2 + 40 + 160

= 234 + 2 + 200

= 436

> 159 加 1 就會是整十數。
> 43 分解成 42 和 1

(35)　945 − 79
　　＝ 945 − 45 − 34
　　＝ 900 − 34
　　＝ 866

> 計算熟練之後，用心算就能把 79 分解成 45 和 34 哦！

(36)　940 の 20％は？

　　消去兩個 0，94×2 ＝ 188 答案是 188

(37)　22 × 57
　　＝ 1254

(38)　41 × 20
　　＝ 820

(39)　44 ＋ 45 ＋ 46 ＋ □ ＋ 75 ＋ 76 ＋ 77

　　彩虹頭尾相加是 121，彩虹線數 17 條：
　　121 × 17 ＝ 2057

(40)　21 ＋ 22 ＋ 23 ＋ □ ＋ 101 ＋ 102 ＋ 103

　　彩虹頭尾相加是 124，彩虹線數 41.5 條：
　　124 × 41.5 ＝ 5146

SHŌGAKKŌ DE NARAU KEISAN GA 5-BYŌ DE TOKERU SANSŪ HIMITSU NO 7-TSU DŌGU
by Akitonton
Copyright © 2023 Akitonton
Original Japanese edition published by KANKI PUBLISHING INC.
All rights reserved.
Chinese(in Complicated character only) translation rights arranged with KANKI PUBLISHING INC. through Bardon-Chinese Media Agency, Taipei.
Chinese(in Complicated character) edition copyright: © 2025 ECOTREND PUBLICATIONS, A DIVISION OF CITÉ PUBLISHING LTD.

自由學習 47

算術原來這麼簡單：

加法、減法、乘法、比例、分數、約分，都能輕鬆速算！

作　　　者 ——	阿奇咚咚（Akitonton）
譯　　　者 ——	陳嫻若
責 任 編 輯 ——	文及元
行 銷 業 務 ——	劉順眾、顏宏紋、李君宜
總　編　輯 ——	林博華
事業群總經理 ——	謝至平
發 　行 　人 ——	何飛鵬
出　　　版 ——	經濟新潮社
	115 台北市南港區昆陽街 16 號 4 樓
	電話：+886(2)2500-0888
	傳真：+886 (2)2500-1951
	經濟新潮社部落格：http://ecocite.pixnet.net
發　　　行 ——	英屬蓋曼群島商家庭傳媒股份有限公司城邦分公司
	115 台北市南港區昆陽街 16 號 8 樓
	客服服務專線：+886(2)2500-7718；+886(2)2500-7719
	24 小時傳真專線：+886(2)2500-1990；+886(2)2500-1991
	服務時間：週一至週五上午 09:30-12:00；下午 13:30-17:00
	劃撥帳號：19863813；戶名：書虫股份有限公司
	讀者服務信箱：service@readingclub.com.tw
香港發行所 ——	城邦 (香港) 出版集團有限公司
	香港九龍土瓜灣土瓜灣道 86 號順聯工業大廈 6 樓 A 室
	電話：(852)25086231　傳真：(852)25789337
	E-mail: hkcite@biznetvigator.com
馬新發行所 ——	城邦（馬新）出版集團 Cite(M) Sdn. Bhd. (458372 U)
	41, Jalan Radin Anum, Bandar Baru Sri Petaling,
	57000 Kuala Lumpur, Malaysia.
	電話：+6 (3) 90563833　傳真：+6 (3) 90576622
	E-mail: services@cite.my
印　　　刷 ——	漾格科技股份有限公司
初 版 一 刷 ——	2025 年 5 月 6 日

國家圖書館出版品預行編目 (CIP) 資料

算術原來這麼簡單：加法、減法、乘法、比例、分數、約分，都能輕鬆速算 !/ 阿奇咚咚 (Akitonton) 著；陳嫻若譯 . -- 初版 . -- 臺北市：經濟新潮社出版：英屬蓋曼群島商家庭傳媒股份有限公司城邦分公司發行 , 2025.05
128 面 ;16.8×23 公分 . -- （自由學習；47）
譯自：小学校で習う計算が 5 秒で解ける：算数ひみつの 7 つ道具
ISBN 978-626-7195-99-4（平裝）
1.CST: 算術 2.CST: 運算 3.CST: 通俗作品
311.11　　　　　　　　　　　　　　　　114003351

Ｉ　Ｓ　Ｂ　Ｎ —— 9786267195994、9786267195987（EPUB）　　版權所有・翻印必究

定價：380 元